医药高等教育创新实验教材

分析化学实验

主编 高金波 巩丽虹

中国医药科技出版社

内容提要

本书是医药高等教育创新实验教材之一，是根据高等医药院校《分析化学教学大纲》的教学要求，结合分析化学实验教学改革成果编写的实验教材。本书共三部分，第一部分讲述了分析化学实验的基本知识；第二部分为化学分析实验；第三部分为仪器分析实验。实验原理简明、方法可靠、结果准确。

本书可供高等学校药学、制药工程、药物制剂、中药学、临床药学等专业师生使用。

图书在版编目（CIP）数据

分析化学实验/高金波，巩丽虹主编．—北京：中国医药科技出版社，2013.8
医药高等教育创新实验教材
ISBN 978－7－5067－6180－2

Ⅰ．①分… Ⅱ．①高… ②巩… Ⅲ．①分析化学－化学实验－医学院校－教材
Ⅳ．①O652.1

中国版本图书馆 CIP 数据核字（2013）第 184976 号

美术编辑 陈君杞
版式设计 郭小平
出版 中国医药科技出版社
地址 北京市海淀区文慧园北路甲 22 号
邮编 100082
电话 发行：010-62227427 邮购：010-62236938
网址 www.cmstp.com
规格 787×1092mm ¹⁄₁₆
印张 12¾
字数 243 千字
版次 2013 年 8 月第 1 版
印次 2016 年 6 月第 2 次印刷
印刷 廊坊市广阳区九洲印刷厂
经销 全国各地新华书店
书号 ISBN 978－7－5067－6180－2
定价 29.00 元
本社图书如存在印装质量问题请与本社联系调换

医药高等教育创新实验教材建设委员会

前言 foreword

　　本实验教材是根据《分析化学教学大纲》的要求，结合佳木斯大学药学院、牡丹江医学院、哈尔滨医科大学大庆校区三所学校实验课的开设项目情况，在各校自编《分析化学实验讲议》、《分析化学实践指导》和参考相关院校《分析化学实验教材》的基础上，总结多年来诸多教师的实践经验，方便各校的实际使用，精心编制而成的。适合作为药学类各专业、医学检验、生物技术等专业学习《分析化学》时的实验教材，也可作为其他专业学生学习《分析化学》时的实验教材。

　　本实验教材在实验内容的安排上力求丰富多彩、循序渐进、内容广泛，在编排形式上采用模块式设计，可操作性强，可供各学校根据自己的实际情况任意选用 1 个、2 个或 3 个实验随意搭配使用，灵活机动。本教材的中心思想是通过分析化学实验技能的训练，培养学生良好的科学态度和严谨细致、实事求是的科学作风，使学生加深对基本分析方法和分析原理的理解，逐渐掌握分析化学的基本操作技能和技巧，提高学生的基本素质，为今后学习和工作打下坚实的基础。

　　教材共分三大部分：分析化学实验的基本知识、化学分析实验、仪器分析实验（包括色谱分析部分）。

　　实验基础知识部分：包括分析化学实验课的任务，实验规则，实验室中的安全知识，常用试剂的规格和使用，溶液的配制方法，实验数据的记录、处理和实验报告的书写等，并附有参与本教材编写的三个院校学生实验报告的影印件，以便学生参考。

　　化学分析实验设计了 27 个实验项目，采用模块式设计，可以随意组合，方便各学校选择使用。本部分包括电子分析天平和称量方法介绍，定量分析中的常用仪器介绍、仪器的使用方法、要求、操作和注意事项等；实验内容涵盖分析天平操作、滴定分析基本操作，酸碱滴定、配位滴定、氧化还原、重量分析等方面的实验。

　　仪器分析实验设计了 26 个实验项目，按类别分别介绍了各学校在实验中所用仪器的结构、原理、操作和注意事项等。实验内容包括：电位法及永停滴定法、紫外 – 可见分光光度法、荧光分析法、原子吸收分光光度法、磁共振法、红外分光光度法和色谱分析实验。

　　本实验教材的亮点是，在每个实验最后，增加了一个【相关实验】项，每个相关实验项均包括 1 ~ 3 个实验，以扩充学生的知识层面，增加学生自主实验内容，开阔学生的眼界，也为实验教师在教学中更新实验提供参考。

　　本实验教材增加了附录部分，在附录中包含常用玻璃仪器图例和用法、常用分子式量表、国际原子量表、常用酸碱的密度和浓度、常用指示剂、常用缓冲溶液的配制、常用基准物质的干燥条件和应用等内容，方便实验教师、学生使用。

为了培养学生运用分析化学知识分析问题和解决问题的能力，除在实验内容上适当修改外，对实验操作中应注意的地方做了加注说明，还在每一部分实验内容最后补充了一个综合设计实验，加上相关实验提供的信息，使综合设计实验选项增加许多。

参加本实验教材编写工作的有：佳木斯大学药学院高金波、杨铭、王莹；牡丹江医学院巩丽虹、倪丹蓉、李文超、刘佳维；哈尔滨医科大学（大庆）高赛男。由于编写时间仓促，编写任务量较大，错漏之处在所难免，希望广大师生和读者能及时批评指正。

编者

2013 年 7 月

目录 contents

第三部分　仪器分析实验

第一部分

分析化学实验的基本知识 <<<

第一章 分析化学实验的任务和要求

一、分析化学实验的任务

分析化学是一门实践性很强的课程，实验课在其中占有特别重要的地位。分析化学实验的主要任务是：

（1）学生通过分析化学实验的学习，可以巩固、扩大和加深对分析化学基本理论的理解，正确和较熟练掌握分析化学的基本操作技术，充实实验基本知识，学习并掌握重要的分析方法，具有初步进行科学实验的能力。

（2）提高学生观察、分析和解决问题的能力，培养学生严谨的工作作风和实事求是的科学态度，树立准确的"量"的概念。学会正确、合理地选择分析方法、实验仪器、所用试剂和实验条件进行实验，确保分析结果的准确度。

（3）掌握实验数据的处理方法，正确记录、处理和分析实验数据，写出完整的实验报告。

（4）通过实验，达到培养学生提出问题、分析问题、解决问题的能力和创新能力的目的。

（5）根据所学的分析化学基本理论，所掌握的实验基本知识，设计实验方案，并通过实际操作验证其设计实验的可行性，为学习后继课程和今后解决生产与科学研究中的有关分析问题打下基础。

二、分析化学实验的要求

为了更好地完成上述任务，对学生提出以下要求：

（1）实验前做好预习。不但要认真预习实验部分的具体内容，还应复习与实验有关的理论。预习是做好实验的基础，通过预习了解实验的目的、原理、步骤、计算方法和注意事项，并在此基础上拟出实验程序，只有这样才能在实验时积极主动，对于没有预习的学生不得进入实验室，因为那样不会收到实验的预期效果。

（2）实验课开始时应认真阅读"实验室规则"和"天平室使用规则"，必须严格遵守有关操作规程。了解实验室安全常识、化学药品的保管和使用方法及注意事项，了解实验室一般事故的处理方法，按操作规程和教师的指导认真进行操作，注意掌握正确的操作方法；实验进行要井井有条、认真细致；对每一实验步骤都应积极思考其目的和作用，细心观察实验现象，注意理论联系实际，培养分析问题和解决问题的能力。

（3）洗仪器用水要遵循"少量多次"的原则。要注意节约使用试剂、滤纸、纯水及自来水等。取用试剂时要看清标签，以免因误取而造成浪费和失败。

（4）保持室内安静，以利于集中精力做好实验。保持实验台面清洁，仪器摆放整齐、有序，注意培养良好的实验习惯。实验课开始和期末都要按照仪器清单认真清点自己使用的一套仪器。实验中损坏和丢失的仪器要及时去"实验准备室"登记领取，期末按有关规定进行赔偿。

（5）科学实验的原始记录是非常宝贵的资料，所以要注意学习做好实验记录。实验记录应包括实验项目、实验日期、实验的主要步骤和条件、实验结果等，一定要实事求是地当时记录清楚。记录不但要自己看懂，也应让别人看懂。实验数据不得任意涂改，如果记错了，可以在原数字上划一直线，再将正确的数字清晰地写在其旁边。记录本和篇页都应编号，不得随意撕去。

（6）火柴、纸屑、废品等只能丢入废物缸（箱）内，不能丢入水槽，以免水管堵塞。

（7）树立环境保护意识，在能保证实验准确度要求的情况下，尽量降低化学物质（特别是有毒有害试剂及洗液、洗衣粉等）的消耗。实验产生的废液、废物要进行无害化处理后方可排放，或放在指定的废物收集器中，统一处理。

（8）各实验对准确度或精度都有一定的要求，如达不到，要自觉地重做实验。千万不要私自凑数据。应当知道，不实事求是为科学之大忌。

（9）要写好实验报告。实验报告应在原始记录的基础上写成，切不可修改数据或编造数据。报告要求字迹工整，文字通顺，图表清楚。最后根据自己的体会进行讨论或写出结论。

（刘佳维）

第二章 实验室规则与实验室安全知识

一、实验室规则

化学实验室是进行科学实验及对学生进行科学训练的场所，了解实验室工作知识，是保持良好实验环境和正常工作秩序、防止意外事故、圆满完成实验的重要前提和保证。请同学们遵守以下规则：

（1）实验前要认真预习有关实验的全部内容，并写好预习报告。通过预习，明确实验目的和要求；明确实验的基本原理、步骤和有关操作技术，熟悉实验所需的药品、仪器和装置，了解实验中的注意事项。

（2）遵守纪律，不迟到，不早退。进入实验室时，先熟悉实验室及其周围环境，尤其是 水、电、燃气等各种阀门所在位置。严格遵守实验室的各项规章制度。

（3）实验过程中保持安静，不大声谈笑，不擅离实验岗位。实验室内严禁饮食、吸烟、听音乐，集中精力，正确操作。爱护公共财物，小心使用仪器和实验设备。

（4）实验中严格遵守水、电、煤气、易爆、易燃以及有毒药品等的安全规则。注意节约水、电和试剂。

（5）实验前，先清点所用仪器、物品、试剂等是否齐全，若有缺少和破损，立即向指导教师声明补领。如在实验过程中损坏仪器，及时报告，并如实登记，经指导教师签字后交实验室工作人员处理。

（6）严格按照实验指导规定的操作步骤、试剂用量进行实验，若要更改，必须征得指导教师的同意方可进行。仔细观察各种现象，并如实地详细记录在预习报告中，严禁弄虚作假、随意涂改数据或拼凑结果。实验过程中如出现问题，应立即向指导教师汇报，以便得到及时解决和处理。

（7）使用药品时应注意下列几点：

①药品应按实验内容中的规定量取用，如果书中未规定用量，应注意节约，尽量少用。

②取用固体药品时，注意勿使其撒落在实验台上。

③药品由试剂瓶中取出后，不应倒回原瓶中，以免带入杂质而引起瓶中药品污染变质。

④试剂瓶用过后，应立即盖上塞子，并放回原处，以免不同试剂瓶的塞子搞错，混入杂质。

⑤滴管应洗净后使用，一种试剂应对应一个滴管，不允许不洁净的滴管插入试剂瓶中吸取溶液，以免相互污染。

⑥实验完成后要求回收的药品，都应倒入回收瓶中。

（8）未经教师允许不得乱动精密仪器，并在使用时要爱护这些仪器。使用后要在仪器使用记录本上登记，并经教师检查。

（9）保持实验台面整齐清洁，公用药品和仪器应在原位置取用，不得随意挪动。废纸、火柴梗和废液等应倒入废物缸内，严禁倒入水槽内，以防水槽堵塞和腐蚀下水管道。实验完毕应将玻璃仪器洗净收好，抹净实验台面，整理好试剂药品。值日生负责打扫和整理实验室，检查水、电和门窗是否关好，检查无误后报告老师，经教师允许方可离开。

（10）实验后需对实验现象认真分析和总结，对原始数据进行认真处理，最后对实验结果进行讨论。根据不同的实验要求写出不同格式的实验报告，交给指导教师批阅。

二、实验室安全知识

在化学实验室中，安全是非常重要的，它常常潜藏着诸如发生爆炸、着火、中毒、灼伤、割伤、触电等事故的危险性，如何来防止这些事故的发生，以及万一发生又如何来急救，这些都是每一个化学实验工作者必须具备的素质。

（1）了解实验室的基本情况，有哪些危险品，关注实验台、洗涤、通风、废液回收、电源、钢瓶、压力容器、管道煤气等基本设施；了解实验室的灭火细沙和灭火器、淋洗器、洗眼器等。

（2）注意个人卫生习惯，保持实验室环境整洁；采取必要防护措施，进入实验室要穿工作服，不要穿暴露的凉鞋，要固定好长发，必要时带好防护眼镜、手套；切勿随手甩动吸管或移液管，避免管内残留液洒在他人或仪器设备上造成伤害；改进实验方案，尽量不用或少用有毒物质。

（3）照明条件良好，加强室内通风（即使在通风橱内操作，也还是应注意保持室内通风良好，以尽量降低危险气体浓度），防止吸入有毒气体、蒸气、烟雾；建立实验室安全制度和安全检查机制。实验室配置和使用各种安全警告标牌。各种化学试剂要按其结构、物性的不同进行区别储存和管理，有毒有害、易燃易爆等危险品，原则上应存放在低处。

（4）减压蒸馏时不得使用异型、机械强度不大的玻璃仪器（如锥形瓶、平底烧瓶、薄壁试管等）。必要时，要戴上防护面罩或防护眼镜。

（5）反应过于猛烈时要根据不同情况采取冷冻降温、控制加料速度或是直接降低实验规模、减少投料量等措施。

（6）加热试管时，不要将试管口指向自己或别人，也不要俯视正在加热的液体，以免溅出的液体把人烫伤。在嗅闻瓶中气体的气味时，鼻子不能直接对着瓶口（或管口），而应用手把少量气体轻轻扇向自己。

（7）稀释浓硫酸时，应将浓硫酸慢慢地注入水中，并不断搅动。切勿将水注入浓硫酸中，以免产生局部过热，使得浓硫酸溅出，引起烧伤。

（8）使用酒精灯，应随用随点，不用时盖上灯罩。不要用已点燃的酒精灯去点燃别的酒精灯，以免酒精流出而失火。

（9）在进行实验时，要避免以下情况出现：①无人看守加热；②封闭体系加热；③无人看守循环水；④中途加入沸石；⑤"明火添油"，如向正在燃烧的酒精灯添加酒精一类物质；⑥冰箱里放置易燃易爆品，如：石油醚、丙酮、苯、丁烷气等化学物品，遇到冰箱启动、照明点亮灯等可能放出的火化即会燃烧爆炸；⑦直接俯视观察装置的开口（保护好眼睛）。

（10）实验室常见消防标示见图1-1。

图1-1 实验室中的消防标识

（11）安全用电，用电时要注意：

①防止触电。不用潮湿的手接触电器；电线接头处应裹上绝缘胶布；所有电器的金属外壳都应保护接地；实验时，应先连接好电路后才接通电源。实验结束时，先切断电源再拆线路；修理或安装电器时，应先切断电源；不能用试电笔去试高压电；如有人触电，应迅速切断电源，然后进行抢救。

②防止引起火灾。使用的保险丝要与实验室允许的用电量相符；电线的安全通电量应大于用电功率；室内若有氢气、煤气等易燃易爆气体，应避免产生电火花。当电器接触点（如电插头）接触不良时，应及时修理或更换；如遇电线起火，立即切断电源，用沙或二氧化碳、四氯化碳灭火器灭火，禁止用水或泡沫灭火器等导电液体灭火。

③防止短路。线路中各接点应牢固，电路元件两端接头不要互相接触，以防短路；电线、电器不要被水淋湿或浸在导电液体中。

（12）使用化学药品的安全防护

①防毒。实验前，应了解所用药品的毒性及防护措施；操作有毒气体时（如H_2S、Cl_2、Br_2、NO_2、浓 HCl、苯、四氯化碳、乙醚、硝基苯和 HF 等）应在通风橱内进行；

避免有些药品（如苯、有机溶剂、汞等）能透过皮肤进入人体造成伤害；氰化物、高汞盐（$HgCl_2$、$Hg(NO_3)_2$等）、可溶性钡盐（$BaCl_2$）、重金属盐（如镉、铅盐）、三氧化二砷等剧毒药品，应妥善保管，使用时要特别小心；禁止在实验室内喝水、吃东西。饮食用具不要带进实验室，以防毒物污染，离开实验室及饭前要洗净双手。

②防爆。使用可燃性气体时，要防止气体逸出，室内通风要良好，严禁同时使用明火，否则可燃气体与空气混合就会引起爆炸；有些药品如叠氮铝、乙炔银、乙炔铜、高氯酸盐、过氧化物等受震和受热都易引起爆炸，要特别小心使用；严禁将强氧化剂和强还原剂放在一起；久藏的乙醚使用前应除去其中可能产生的过氧化物。

③防火。许多有机溶剂如乙醚、丙酮、乙醇、苯等非常容易燃烧，大量使用时室内不能有明火、电火花或静电放电；实验室内不可存放过多这类药品，用后还要及时回收处理，不可倒入下水道，以免聚集引起火灾；有些物质如磷、金属钠、钾、电石及金属氢化物等，在空气中易氧化自燃。还有一些金属如铁、锌、铝等粉末，比表面大也易氧化自燃。

④防灼伤。强酸、强碱、强氧化剂、溴、磷、钠、钾、苯酚、冰醋酸等都会腐蚀皮肤，特别要防止溅入眼内。液氧、液氮等低温也会严重灼伤皮肤，使用时要小心。

（13）高压钢瓶的使用及注意事项。

①气体钢瓶的颜色标记：我国气体钢瓶常用的颜色标记见表1-1。

②气体钢瓶的使用：ⓐ在钢瓶上装上配套的减压阀。检查减压阀是否关紧，方法是逆时针旋转调压手柄至螺杆松动为止。ⓑ打开钢瓶总阀门，此时高压表显示出瓶内贮气总压力。ⓒ慢慢地顺时针转动调压手柄，至低压表显示出实验所需压力为止。ⓓ停止使用时，先关闭总阀门，待减压阀中余气逸尽后，再关闭减压阀。

表1-1　气体钢瓶常用的颜色标记

名称	颜色	名称	颜色	名称	颜色
氧气瓶	天蓝色	氢气瓶	深绿色	氨气瓶	黄色
氮气瓶	黑色	纯氩气瓶	灰色	二氧化碳瓶	黑色
氦气瓶	棕色	压缩空气	黑色	乙炔气瓶	白色

三、事故的紧急处理

（1）火灾　一旦发生着火，不可惊慌失措，必须临危不惧，冷静沉着地采取以下处理措施。

①扑灭火源，如果是酒精、苯或醚等有机溶剂着火，应立即用湿布或沙土扑灭；若火势较大，可用二氧化碳灭火器。衣服着火时，应立即用湿布或石棉布压灭火焰，若火势大，可就近打开水龙头用水浇灭，必要时就近卧倒打滚以灭火。

②防止火势蔓延，立即转移一切可燃物，切断电源，停止通风。如果火势较大，

立即报告有关部门，请求求援。

（2）烫伤　较轻的烫伤或烧伤，可用90%～95%酒精轻拭伤处，或用稀高锰酸钾溶液擦洗伤处，然后涂以凡士林或烫伤油膏。如果伤势较重，注意不要将水泡碰破，避免感染，用消毒纱布小心包扎，及时送医院治疗。

（3）割伤　用药棉揩净伤口，若伤口较脏，可用3%双氧水擦洗或用碘酒涂于伤口四周。处理后用红药水涂于伤处，再用纱布包扎。但要注意：红药水不可与碘酒同时使用。若创伤较大，出血较多，须在伤处上方扎止血带，用纱布盖住伤口，立即送医院治疗。

（4）化学灼伤　先立即用大量水冲洗，再用相应的消除该化学药品的物质处理，洗净伤处，然后送医院治疗。强酸灼伤应立即用大量水冲洗，然后搽上碳酸氢钠油膏或凡士林。若酸溅入眼中，先用大量水冲洗，再用饱和碳酸氢钠溶液或氨水冲洗，最后用水清洗。浓碱灼伤应立即用大量水冲洗，然后用柠檬酸或硼酸饱和溶液冲洗，再搽上凡士林。若碱溅入眼中，用硼酸溶液冲洗，再用水清洗。

（5）吸入 Cl_2、HCl，可吸入少量酒精、乙醚的混合蒸气使之解毒。吸入 H_2S 气体而感到不适时，立即到户外呼吸新鲜空气。

（6）若毒物尚未咽下，应立即吐出来，并用清水冲洗口腔；如已咽下，应立即促使呕吐，将 5～10ml 稀硫酸铜溶液（1%～5%）加入一杯温水中内服，再用手指伸入喉部，刺激促使呕吐，然后送医院治疗。

（7）磷烧伤时，用 5% $CuSO_4$ 溶液或 $KMnO_4$ 溶液洗涤伤口，并用浸过 $CuSO_4$ 溶液的绷带包扎。

（8）触电时，首先切断电源，必要时进行人工呼吸。若伤势较重，则应立即送医院。

（9）使用汞时，应避免泼洒在实验台或地面上，使用后的汞应收集在专用的回收容器中，切不可倒入下水道或污物箱内。万一发生少量汞洒落，应尽量收集干净，然后在可能洒落的地区洒一些硫磺粉，最后清扫干净，并集中作固体废物处理。

（刘佳维）

第三章 常用试剂的规格和正确使用

化学试剂的规格是以其中所含杂质多少来划分的，一般分为四个等级，其规格和适用范围见表1-2。

表1-2 试剂规格和适用范围

等级	名称	英文名称	符号	适用范围	标签标志
一级品	优级纯（保证试剂）	guaranteed reagent	G. R.	纯度很高，适用于精密分析工作和科学研究工作	绿色
二级品	分析纯（分析试剂）	analytical reagent	A. R.	纯度仅次于一级品，适用于多数分析工作和科学研究工作	红色
三级品	化学纯	chemically pure	C. P.	纯度较二级差些，适用于一般分析工作	蓝色
四级品	实验试剂（医用）	laboratorial reagent	L. R.	纯度较低，适用于做实验辅助试剂	棕色或其他颜色
	生物试剂	biological reagent	B. R.或C. R.		黄色或其他颜色

此外，还有光谱纯试剂、基准试剂、色谱纯试剂等。

光谱纯试剂（符号：S. P.）的杂质含量用光谱分析法已测不出来或者杂质的含量低于某一限度，这种试剂主要用来作为光谱分析中的标准物质。

基准试剂的纯度相当于或高于保证试剂。基准试剂作为滴定分析中的基准试剂是非常方便的，也可用于直接配制标准溶液。

在分析工作中，选择试剂的纯度除了要与所使用的分析方法相当外，其他如实验用的水、操作器皿也要与之相适应。若试剂都选用 G. R. 级的则不宜使用普通的蒸馏水或去离子水，而应使用经两次蒸馏制得的重蒸馏水。所用器皿的质地也要求较高，使用过程中不应有物质溶到溶液中，以免影响测定的准确度。

选用试剂时，要注意节约，不要盲目追求使用纯度高的试剂，应根据工作具体要求取用。优级纯试剂和分析纯试剂，虽然是市售试剂中的纯品，但有时由于包装不慎而混入杂质，或运输过程中可能发生变化，或储存日久而变质，所以还应具体情况具体分析。对所用试剂的规格有所怀疑时应该进行鉴定。在有些特殊情况下，市售的试剂纯度不能满足要求时，分析者就应自己动手精制。

（李文超）

第四章　溶液的浓度及配制方法

分析化学实验大多数是在水溶液中进行的，因此，正确地配制及合理的保存是很重要的。学生应掌握这方面的知识和在实验中得到这方面的训练。

一、标准溶液的浓度

滴定分析中常要使用标准溶液。先要明确标准溶液浓度的正确表示方法，才能正确地配制溶液。在滴定分析实验中，通常用 mol/L 表示标准溶液的浓度。

分光光度法中，绘制标准曲线时和配制待测溶液时通常用 mg/ml、μg/ml 等表示。

二、配制标准溶液的方法

根据试剂规格和分析误差的要求，合理地选择配制方法，正确地使用容器及称量方法是配制溶液的关键。

滴定分析中配制标准溶液的方法有两种：

1. 直接法　如果需配制的标准溶液的物质是基准物质，则采用直接法来配制。直接法配制标准溶液时，首先，用分析天平准确称量基准物质的质量，用少量的溶剂溶解；其次将溶解后的溶液完全转移至容量瓶中（选择的容量瓶）；最后用溶剂准确稀释至刻度（与环线相切）。例如：要配制 $K_2Cr_2O_7$ 标准溶液。因为 $K_2Cr_2O_7$ 符合基准物质的条件是基准物质，所以采用直接法配制其溶液。先根据配制溶液的浓度和体积计算要称量的 $K_2Cr_2O_7$ 质量（m），在分析天平上准确称出，在小烧杯中溶解后完全转移至选定（V）的容量瓶中，并稀释至刻度，摇匀。最后，根据质量和体积计算出准确浓度。

$$即：c = \frac{m}{M_{K_2Cr_2O_7} \cdot V}$$

又如：分光光度分析中，需用 100ml 标准铁溶液 100mg/ml。计算得知须准确称取 10mg 纯金属铁，但在一般分析天平上无法称准，因量太少，称量误差会很大。常常采用先配制储备液，然后再稀释的方法配制。可在分析天平上准确称取高纯（99.99%）金属铁 1.00g，然后在小烧杯中加入约 30ml 的浓盐酸使之溶解，定量转入 1L 容量瓶中，用 1mol/L 的盐酸稀释至刻度。此标液为储备液含铁 1.0mg/ml。移取此标液 10.00ml（用移液管）于 100ml 的容量瓶中，用 1mol/L 盐酸稀释至刻度，摇匀，此标液含铁 100mg/ml。总之，在光度法中所用的标准溶液均采用纯金属或基准物质，先配制成贮备液，然后稀释十倍得到所要配制的操作溶液。

由贮备液配制成操作溶液时，原则上只稀释 1 次，必要时可稀释 2 次。稀释次数愈多累积误差愈大，影响分析结果的准确度。

2. 间接法（标定法） 对于那些非基准物质，在配制标准溶液时常采用该方法。该方法的特点是：先配制近似一定浓度的溶液，然后经过一个标定的过程来确定出该溶液的准确浓度。

标定就是确定标准溶液准确浓度的过程。配制近似浓度的溶液时，由于只须准确 1~2 位有效数字，故称量和体积的相对误差可允许大一些。称量固体试剂用架盘天平；量取溶液或蒸馏水用量筒或量杯即可。但在标定过程中，一切操作必须严格、准确，称量基准物质时要使用分析天平，且称准至小数点后四位有效数字，标定时要参加计算的溶液体积均应使用准确量器（容量瓶、移液管、滴定管等），不能马虎。

三、标准溶液的保存方法

易腐蚀玻璃的溶液，不能盛放在玻璃瓶内。如含氟的盐类、苛性碱等应保存在聚乙烯塑料瓶中。

易挥发、易分解的试剂及溶液，如 I_2、$KMnO_4$、H_2O_2、$AgNO_3$、$H_2C_2O_4$、$NaBiO_3$、$Na_2S_2O_3$、$TiCl_3$、NH_3 水、Br_2 水、CCl_4、$CHCl_3$、丙酮、乙醚、乙醇等溶液及有机溶剂等均应放在棕色瓶中，密封后置于暗处阴凉地方，避免光的照射。

配好的溶液盛装在试剂瓶中，应马上贴好标签，注明溶液的浓度、名称以及配制日期。

（李文超）

第五章 实验数据记录、处理和实验报告

认认真真实验，实事求是记录，科学态度计算，分析报告完整是分析化学实验的精髓。在分析化学实验中，为了得到准确的测量结果，不仅应认真规范地进行实验操作，精确地测量各项数据，还应正确记录测得数据和计算、表达分析结果，必要时还应对数据进行统计处理，因为分析结果不仅表示试样中被测组分含量高低或某项物理量的大小，还反映出测量结果的准确程度。同时，实验结束后，应根据实验记录进行整理，及时认真地写出实验报告，这是培养学生分析、归纳能力以及严谨细致科学作风的重要途径。

一、实验记录

实验记录是出具实验报告的原始依据。为保证实验结果的准确性，实验记录必须真实、完整、规范、清晰。

1. 基本要求

（1）实验者应准备专门的实验记录本，标上页码，不得撕去任何一页。不得将文字或数据记录在单页纸或小纸片上，或随意记录在其他任何地方。

（2）应清楚、如实、准确地记录实验过程中所发生的重要实验现象、所用的仪器及试药、主要操作步骤、测量数据及结果。记录中要有严谨的科学态度，要实事求是，切忌掺杂个人主观因素，绝不能拼凑或伪造数据。

（3）进行记录时，对文字记录，应字迹清晰，条理清楚，表达准确；对数据记录，可采用列表法，书写时应整齐统一，数据位数应符合有效数字的规定。

（4）实验记录应用钢笔、圆珠笔、签字笔等书写，不得用铅笔，不得随意涂改实验记录。遇有读错数据、计算错误等需要修正时，应将错误数据用线划去，并在其上方写上正确的数据。

2. 数据记录　应严格按照有效数字的保留原则记录测量数据。有效数字是指在分析工作中实际上能测量到的数字。有效数字的保留原则是：在记录测量数据时，应保留一位欠准数（即末位有 ±1 的误差），其余均为准确值，即应记录至仪器最小分度值的下一位。

有效数字位数不仅表示数值的大小，而且能反映出仪器测量的精确程度。例如，用感量为万分之一的分析天平称量时，应记录至小数点后第四位。如称量某份试样的质量为 0.1220g，该数值中 0.122 是准确的，最后一位数字"0"是欠准的，即该试样

的实际质量是（0.1220±0.0001）g 范围内的某一数值。如只记录 0.122，则试样的实际质量是（0.122±0.001）g 范围内的某一数值，绝对组差会增大一个数量级，不仅如此，这样记录也是不真实的，是错误的；滴定管和移液管的读数应记录至小数点后第二位。如某次滴定中消耗标准溶液体积为 20.50ml，若写成 20.5ml，则意味着实际消耗的滴定剂体积是（20.5±0.1）ml 范围内的某一数值，同样将测量精度降低了 10 倍。

总之，有效数字位数反映了测量结果的精确程度，数据记录时绝不能随意增加或减少数值位数。

二、数据处理和结果计算

1. 有效数字修约　有效数字的修约规则为"四舍六入五留双"。即当多余尾数首位≤4 时，舍去；多余尾数首位≥6 时，进位；多余尾数首位为 5 时，若 5 后数字不为 0 时，进位；若 5 后数字为 0 时，则视 5 前数字是奇数还是偶数，采用"奇进偶舍"的方式进行修约。例如，将下列数据修约为四位有效数字：14.2442→14.24，24.4863→24.49，15.0250→15.02，15.0150→15.02，15.0251→15.03。注意：修约表示不准确的物理量的数据时，多余尾数首位大于 0 就进一位，不遵守"四舍六入五留双"规则。

$$
修约规则歌\begin{cases}
四舍六入五考虑，五后非零皆进一；\\
五后皆零看前面，五前为奇则进一；\\
五前为偶则舍弃，分次修约不可以；\\
为使计算更准确，中途多留一位数；\\
误差修约要注意，切莫用它来修约；\\
修约误差需遵守，余数非零均进一。
\end{cases}
$$

2. 数据处理　当得到一组平行测量数据 x_1、x_2、x_3……后，不要急于将其用于分析结果的计算，要对得到的数据进行科学的分析，一般应进行可疑数据的取舍、精密度考察及系统误差校正后，再将测量数据的平均值用于分析结果计算。

（1）可疑数据的取舍　首先应剔除由于明显原因（如过失误差）引起的与其他测定结果相差甚远的那些数据；而对于一些对精密度影响较大而又原因不明的可疑数据，则应通过 Q 检验或 G 检验法来确定其取舍。

（2）精密度考察　一般用标准偏差 S 或相对标准偏差 RSD% 衡量测定结果的精密度。有时也用平均偏差和相对平均偏差表示。若精密度不符合分析要求，说明测定中存在较大的偶然误差，应适当增加平行测定的次数，再作考察，直到精密度达到要求为止。

（3）系统误差校正　通过进行对照实验、空白实验及校准仪器等，校正测量中的系统误差。若条件允许最好进行 t 检验（如用实验数据均值 $\bar{x}$ 与标准值 μ 进行比较），以确定分析方法是否存在系统误差。

3. 分析结果计算　分析结果的准确度必然会受到分析过程中测量值误差的制约。

在计算分析结果时，每个测量值的误差都要传递到分析结果中去。因此，有效数字的运算也应根据误差传递规律，按照有效数字的运算规则进行，并对计算结果的有效数字进行合理取舍，才不会影响分析结果准确度。

根据误差传递规律，加减法的和或差的误差是各个数值绝对误差的传递结果。所以，计算结果的绝对误差必须与各数据中绝对误差最大的那个数据相当。即几个数据相加或相减时，和或差的有效数字的保留应以参加运算的数据中绝对误差最大（小数点后位数最少）的数据为准。

乘除法的积或商的误差是各个数据相对误差的传递结果。所以，计算结果的相对误差必须与各数据中相对误差最大的那个数据相当。即几个数据相乘除时，积或商有效数字的保留位数，应以参加运算的数据中相对误差最大（有效数字位数最少）的数据为准。

三、实验数据的整理和表达

取得实验数据后，应进行整理、归纳，并以准确、清晰、简明的方式进行表达。通常有列表法、图解法和数学方程表示法，可根据具体情况选用。

1. 列表法　列表法是以表格形式表示数据，具有简明直观、形式紧凑的特点，可在同一表格内同时表示几个变量间的变化情况，便于分析比较。制表时需注意以下几点：

（1）每一表格应有表号及完整而简明的表题。在表题不足以说明表中数据含义时，可在表格下方附加说明，如有关实验条件、数据来源等。

（2）将一组数据中的自变量和因变量按一定形式列表。自变量的数值常取整数或其他适当的值，其间距最好均匀，按递增或递减的顺序排列。

（3）表格的行首或列首应标明名称和单位。名称及单位尽量用符号表示，并采用斜线制，如 V/ml，p/MPa，T/K 等。

（4）同一列中的小数点应上下对齐，以便相互比较；数值为零时应记作"0"，数值空缺时应记一横线"－"；若某一数据需要特殊说明时，可在数据的右上标位置作一标记，如"*"，并在表格下方附加说明，如该数据的处理方法或计算公式等。

2. 图解法　图解法是以作图的方式表示数据并获取分析结果的方法。即将实验数据按自变量与因变量的对应关系绘成图形，从中得出所需的分析结果，其特点是能够将变量间的变化趋势更为直观地显示出来，如极大、极小、转折点、周期性等。图解法在仪器分析中广泛应用，如用校正曲线法计算未知物浓度，电位法中连续标准加入法作图外推求痕量组分浓度，电位滴定法中的 $E-V$ 曲线法、一级微商法及二级微商法作图计算滴定终点，分光光度法中利用吸收曲线确定光谱特征数据及进行定性定量分析，以及用图解积分法计算色谱峰面积等。

对作图的基本要求是：能够反映测量的准确度；能够表示出全部有效数字；易于

从图上直接读取数据；图面简洁、美观、完整。作图时应注意以下几点：

（1）作图时多采用直角坐标系；若变量之间的关系为非线性的，可选用半对数或对数坐标系将其变为线性关系；有时还可采用特殊规格的坐标系，如电位法中连续标准加入法则要用特殊的格氏（Gran）计算图纸作图求解。

（2）一般 x 轴代表自变量（如浓度、体积、波长等），y 轴代表因变量（仪器响应值，如电位、电流、吸收度、透光率等）。坐标轴应标明名称和单位，尽量用符号表示，并采用斜线制。在图的下方应标明图号、图题及必要的图注。

（3）直角坐标系中两变量的全部变化范围在两轴上表示的长度应相近，以便正确反映图形特征；坐标轴的分度应尽量与所用仪器的分度一致，以便从图上任一点读取数据的有效数字与测量的有效数字一致，即能反映出仪器测量的精确程度。

（4）作直线时，可将测量值绘于坐标系中形成系列数据点，按照点的分布情况作一直线。根据偶然误差概率性质，函数线不必通过全部点，但应通过尽可能多的点，不能通过的应均匀分布在线的两侧邻近，使所描绘的直线能近似表示出测量的平均变化情况。

（5）作曲线时，在曲线的极大、极小或转折处应多取一些点，以保证曲线所表示规律的可靠性。若发现个别数据点远离曲线，但又不能判断被测物理量在此区域有何变化时，应进行重复实验以判断该点是否代表变量间的某些规律性，否则应当舍弃。作图时，应将各数据点用铅笔及曲线板连接成光滑均匀的曲线。

（6）若需在一张图上绘制多条曲线时，各组数据点应选用不同符号，或采用不同颜色的线条，以便于相互区别比较；需要标注时，尽量用简明的阿拉伯数字或字母标注，并在图下方注明各标注的含义。

3. 数学方程表示法 以数学方程表示变量间关系的方法称为数学方程表示法，也称为解析法。在分析化学实验中最常用的解析法是回归方程法，即通过对两变量各数据对进行回归分析，求出回归方程，再由此方程求出待测组分的量（或浓度）。

设 x 为自变量，y 为因变量。对于某一 x 值，y 的多次测量值可能有波动，但总是服从一定的分布规律。回归分析就是要找出 y 的平均值 $\bar{y}$ 与 x 之间的关系。若通过相关系数 r 的计算，知道 $\bar{y}$ 与 x 之间呈线性函数关系（$r \geqslant 0.99$），就可以简化为线性回归。用最小二乘法解出回归系数 a（截距）与 b（斜率），即可求出线性回归方程：

$$\bar{y} = a + bx$$

采用具有线性回归功能的计算器或应用计算机中的相应软件，将各实验数据对输入，可很快得出 a、b 及 r 值，无须进行繁复的运算步骤，十分方便。

四、实验报告

完成实验之后，应及时写出实验报告，对已完成的实验进行总结和讨论。分析化学实验报告一般按以下要求书写：

（1）实验编号、实验名称、实验日期、实验者一般作为实验报告的标题部分。必要时还可注明室温、湿度、气压等。

（2）目的与要求　简要说明本实验的目的与基本要求。

（3）方法原理　说明本实验所依据的方法原理。可用文字简要说明，亦可用化学反应方程式表示。例如，对于滴定分析，可写出滴定反应方程式、标准溶液标定和滴定结果计算等公式；对于仪器分析，除简要说明分析的方法原理、测定的物理量与待测组分间的定量函数关系外，还可画出实验装置（或实验原理）示意图。

（4）仪器与试剂　写明本实验所用仪器的名称、型号，主要玻璃器皿的规格、数量，主要试剂的品名、规格、浓度等。

（5）实验步骤　简明扼要地列出各实验步骤，一般可用流程图表示。同时记录所观察到的实验现象或附加说明。

（6）实验数据及处理　列出实验所测得的有关数据并进行误差处理。按相关公式对测量值进行计算（必要时可对测定结果进行精密度和准确度考察），并采用文字、列表、作图（如滴定曲线、吸收曲线等）等形式表示分析结果，最后对实验结果作出明确结论。

（7）问题讨论　可结合实验中遇到的问题、现象及实验教材中的思考题进行分析讨论，并应结合分析化学有关理论，对产生误差或实验失败的原因及解决途径进行探讨，以提高自己分析和解决问题的能力。同时可提出尚未搞清楚的问题，以求得老师的指导。

（高金波）

附 分析实验报告示例1（化学分析部分）：

同组人：刘莉   06年 11月 9日

实验题目	$0.02mol/L\ Na_2S_2O_3$ 标准溶液的配制和标定与 $0.01mol/L\ I_2$ 标准溶液的配制和标定
实验目的	1.掌握 $Na_2S_2O_3$ 标准溶液的配制方法和注意事项； 2.学习使用碘量瓶和正确判断淀粉指示剂的终点. 3.了解碘量法的过程 4.了解直接碘量法的操作过程 5.应掌握碘标准溶液的配制方法和注意事项.
仪器	仪器：分析天平、台秤、棕色酸式滴定管、碘量瓶、白色试剂瓶、小烧杯、滴管、量筒. 试剂：固体 $K_2Cr_2O_7$，固体 KI，固体 Na_2CO_3，固体 $Na_2S_2O_3\cdot5H_2O$；(1:2)HCl；淀粉指示剂、蒸馏水等.固体 碘、浓盐酸. $0.02mol/L\ Na_2S_2O_3$ 标准溶液.蒸馏水.
实验原理	标定原理： $Cr_2O_7^{2-}+14H^++6I^-=3I_2+2Cr^{3+}+7H_2O$ $I_2+2S_2O_3^{2-}=2I^-+S_4O_6^{2-}$ $C_{Na_2S_2O_3}=\dfrac{6m_{K_2Cr_2O_7}\cdot\frac{25.00}{250.00}}{M_{K_2Cr_2O_7}\cdot V_{Na_2S_2O_3}/1000}$ $M_{K_2Cr_2O_7}=294.20$ $C_{I_2}=\dfrac{C_{Na_2S_2O_3}\cdot V_{Na_2S_2O_3}}{2\,V_{I_2}}$
主要仪器、试剂和材料：	操作步骤：1. $Na_2S_2O_3$ 配制（已完成） 2. $Na_2S_2O_3$ 标液标定： 精称 $K_2Cr_2O_7$ 0.229→溶解→250mL容量瓶.→移此液 25.00mL于碘量瓶中(3份)→KI 0.6g 1:2 HCl 2mL 密塞暗处10min→20mL水稀释→用$Na_2S_2O_3$滴定→近终点 淀粉指示剂1mL→继续滴→蓝色消失→记录消耗 $V_{Na_2S_2O_3}$. 3. I_2 标液的配制. 取固体 I_2 0.9g (台秤) 加浓 KI (分KI溶于2mL蒸馏水中) 溶解后→浓 HCl 1d 蒸馏水350mL→棕色瓶中摇匀. 4. I_2 标液的标定. 准确量取 I_2液 20.00mL(3份)→锥形瓶→蒸馏水25mL 1:2HCl 2mL用上述的 $Na_2S_2O_3$滴定 →近终点时→淀粉指示剂1mL→继续滴定→蓝色→无色 即终点. 记录消耗 $V_{Na_2S_2O_3}$

实验记录与结果处理	1	2	3
$m_{K_2Cr_2O_7}$ (g)		0.2190	
$V_{Na_2S_2O_3}$ (mL)	20.71	20.75	20.70
$c_{Na_2S_2O_3}$ (mol/L)	0.02157	0.02152	0.02158
$\bar{c}_{Na_2S_2O_3}$ (mol/L)		0.02156	
d	-0.00001	0.00004	-0.00002
s		0.000032	

	1	2	3
$c_{Na_2S_2O_3}$ (mol/L)		0.2156	
$V_{Na_2S_2O_3}$ (mL)	22.34	22.41	22.45
c_{I_2} (mol/L)	0.01204	0.01207	0.01210
$\bar{c}_{I_2}$ (mol/L)		0.01207	
d	0.00003	0	-0.00003
s		0.00003	

讨论：该实验考查了3对滴定管、电子天平的使用，滴定时注意控制滴速，实验过程中要合理的安排步骤。可以达到缩短时间提高速度。在对配制的$Na_2S_2O_3$进行标定时，注意碘并瓶的使用。并要了解碘并瓶的用处是因为碘单质的挥发和碘离子的氧化性比较弱的。学会使用淀粉指示剂，在使用它时必须是近终点时加以，过早和过迟加入都是对结果有影响，会产生误差。了解在空气中O_2易将I^-氧化成I_2因此碘并瓶中的变色由蓝色变为无色，半分钟之内并不恢复蓝色，不再恢复蓝色即可。KI溶液摇瓶的配制是用2mL蒸馏水溶解3g KI所配得。加浓HCl在在棕色并瓶中摇匀。可防止氯气。

该实验结果比较令人满意。

讨论非常认真，结果很准确

A+ 21/11

分析实验报告示例 2（仪器分析部分）：

同组人姓名：张文斌、李长胜.　　　　年　月　日

| 实验题目：工作曲线法测定 $KMnO_4$ 的含量 |
| 实验目的：1、了解工作曲线的原理分析过程，掌握工作曲线的绘制. |
| 　　　　2、掌握紫外-分光光度计的基本操作、 |

实验原理：

朗伯比尔定律：$A = \varepsilon c l$

仪器：SG4 比色杯、$KMnO_4$ 试剂.

主要操作步骤

1、工作曲线的绘制：精密吸取浓度为 $0.600g/L$ 的 $KMnO_4$ 标准溶液 1.00、2.00、3.00、4.00、5.00 mL 分别置于 500 mL 容量瓶中、用蒸馏水稀释摇匀、分别在 525 nm 的波长测吸光度（A）值. 绘制工作曲线.

2、未知溶液中 $KMnO_4$ 的测定
　取待测液中 $KMnO_4$ 的浓度
　取待测液中 525 nm 处测得 A、计算出 C.

实验数据处理与结果列表：

序号(n)	1.00	2.00	3.00	4.00	5.00
A	0.185	0.375	0.559	0.742	0.924
C(g/L)	0.0120	0.0240	0.0360	0.0480	0.0600

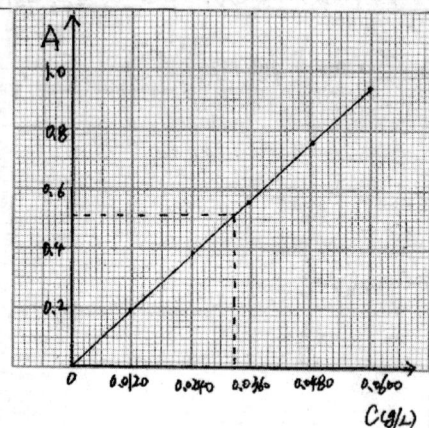

$A_x = 0.512$

由曲线调

$C_x = 0.0324 \, (g/L)$

由Excel表格求出回归方程如下：

$$y = 0.1974x - 0.1707$$
$$r = 0.9981$$

代入得 $C_x = 0.0325 \, (g/L)$

讨论：注意事项：

1. 在绘制标准系列溶液时一定要准确向记录，不滴漏底液的于每一个实验都是一个关键过程环节。

2. 测定时，加显色剂个比色皿不能得到相应求的吸光度总是不一致，不一致时应该测量肥皂黑度，并认真地记录然后从测定结果中扣除

总评成绩：

很好！   A+   64

第二部分

化学分析实验 ◀◀◀

电子天平和称量方法

尽管电子天平的种类繁多，但其使用方法大同小异，具体操作请参看该仪器的使用说明书。下面以上海天平仪器厂生产的 FA2004 型电子天平为例，择要介绍。

一、电子天平简介（以 FA2004 型电子天平为例）

1. 仪器外形（图 2 – 1）

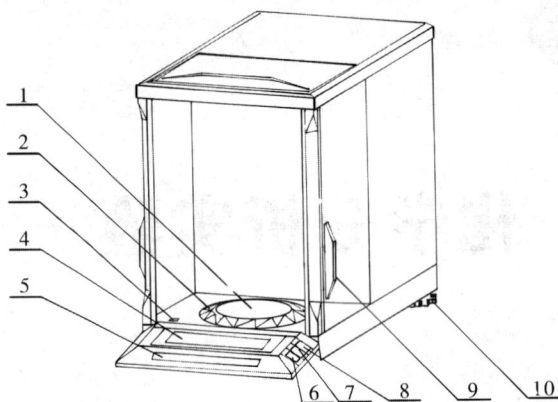

天平外形图

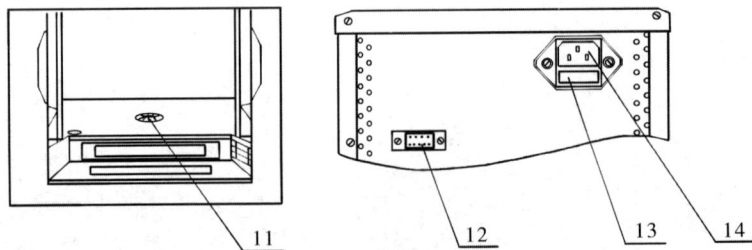

图 2 – 1　FA2004 型电子天平外形

1. 秤盘；2. 气流罩；3. 水平泡；4. 显示窗；5. TARE 键；6. I/Q 键；7. C 键；8. M 键；9. 门玻璃；10. 水平调整脚；11. 秤盘座；12. RS232C 接口；13. 保险丝盒；14. 电源插座

电子天平是利用电子装置完成电磁力补偿的调节，使物体在重力场中实现力的平衡，或通过电磁力矩的调节，使物体在重力场中实现力矩的平衡。无刀口，无机械磨损，全部采用数字显示，自动调零，自动校准，自动因扣除皮重，只需几秒就可显示称量结果，此称量速度快。电子天平接计算机和打印机后可具多种功能，是代表发展趋势的最先进的天平。

2. 工作原理 电子天平是根据电磁力补偿原理设计并由微电脑控制，把被测的质量转换成电信号（电压或电流），经模数转换后，以数字和符号显示出称量的结果。

电子天平按结构可分为上皿式和下皿式电子天平。秤盘在支架上面为上皿式，秤盘吊挂在支架下面为下皿式。现以上皿式结构方块图（图2-2）为例，讨论电子天平的结构原理。

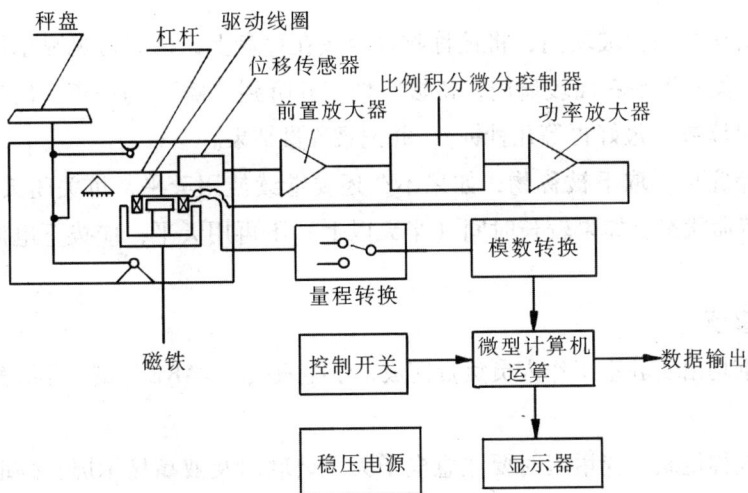

图2-2 上皿式电子天平结构方块图

当秤盘负载后，杠杆位移，通过位移传感器（或称光电传感器）检测出一个与被测物质量相关的电流，此电流经前置放大器、比例积分微分控制器和功率放大器，再进入磁场中的驱动线圈，产生平衡力矩，使负载引起杠杆位移恢复零点。流入线圈中的电流与负荷成正比。这电流通过量程选择器被送入模数转换器进行数字化，这数字化了的信号输入微型计算芯片并在控制开关导引下完成多种运算功能。最后，在液晶显示器中显示数据，同时可与电脑连接进行数据处理，与打印机连接进行数据打印。

3. 使用方法 FA2004型的显示屏和控制键板如图2-3所示。

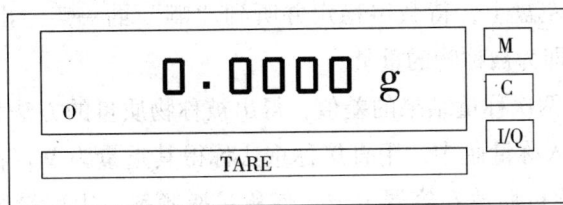

图2-3 显示屏和控制键板

1. 开/关键（I/Q）；2. 校准/调整键（C）；

3. 功能键（M）；4. 除皮/调零键（TARE）

操作步骤如下：

（1）检查水平仪（在天平罩内面），如不水平，应通过调节天平前边左、右两个水平支脚而使其达到水平状态。

（2）接通电源，按一下开/关键（I/Q），屏幕左下角显出一个"0"，预热 30min 以上。

（3）待天平稳定后，听到"嘟"的一声后，显示屏很快出现"0.0000g"。如显示的不是"0.0000g"，则要按一下"TARE"键，听到"嘟"的一声后，显示屏很快出现"0.0000g"。

（4）打开天平右面玻璃门，将被称物轻轻放在秤盘上，这时可见显示屏上的数字在不断变化，关好天平右面玻璃门，待数字稳定并听到"嘟"的一声，出现质量单位"g"后，即可读数（最好再等几秒钟），并记录称量结果。

（5）称量完毕，取下被称物，如果不久还要继续使用天平，可关闭天平玻璃门，让天平处于待命状态。如果较长时间（半天以上）不再用天平，应拔下电源插头，盖上防尘罩。

4. 注意事项

（1）校准均由实验室工作人员负责完成，学生只按"TARE"键，不要触动其他控制键。

（2）取放称量瓶及瓷坩埚时要注意电子天平玻璃门及液晶显示屏，磕取样品时注意不要将药品洒落到天平内或台面上。

（3）读数时，要关闭天平门，防止空气的流通，不称过冷过热的物品。

（4）特别注意在称量时，动作要轻、缓，并时常检查水平是否改变。

（5）使用电子天平后，应认真填好使用记录本。

二、电子天平称量方法

用电子天平进行称量，快捷是其主要特点。下面介绍几种最常用的称量方法：

1. 直接称量法　直接称量法就是将被称物直接放在分析天平上进行的称量方法。主要分两步进行。第一步，按一下"TARE"键，使显示屏显示"0.0000g"；第二步，将被称物放在天平的左盘上，待数字稳定并听到"嘟"的一声，出现质量单位"g"后，记录称量结果，即为被称物的重量。

2. 减量法　利用两次称量结果的差值，得出被称物质量的方法称为减重法。具体方法是将适量试样装入称量瓶中，用直接称重法称得其重量为 $W_1(g)$；然后（图 2-4）取出称量瓶，将称量瓶放在容器上方，使称量瓶倾斜，用称量瓶盖轻轻敲瓶口上部，使试样慢慢落入容器中（图 2-5），当倾出的试样已接近所要称的重量时，慢慢地将称量瓶拿起，用称量瓶盖轻敲瓶口上部，使黏附在瓶口的试样落下，然后盖好瓶盖。将称量瓶放回到天平盘上，称得其重量为 $W_2(g)$，两次重量之差（$W_1 - W_2$），即为试样的重量。按上述方法连续递减，可称取多份试样。其优点是：称取 n 份试样时，只需称取 n+1 次。

$$第一份试样重 = W_1 - W_2 （g）$$

$$第二份试样重 = W_2 - W_3 （g）$$

此法常用于称取易吸水，易氧化或易与 CO_2 反应的物质。

图2-4　减量法称量　　　　　　　图2-5　倾出试样的方法

3. 增量法　将干燥的小容器（例如小烧杯）轻轻放在天平秤盘上，待显示平衡后按"TARE"键扣除皮重（即扣除小容器重）并显示零点。然后打开天平门往容器中缓缓加入试样并观察屏幕。当达到所需质量时停止加样，关上天平门，显示平衡后即可记录所称取试样的净重。采用此法进行称量，最能体现电子天平称量快捷的优越性。

4. 去皮法（即扣除容器重）　相对于上述增量法而言，去皮法是以天平上的容器内试样量的减少值为称量结果。当用不干燥的容器（例如烧杯、锥形瓶）称取样品时，不能用上述增量法。为了节省时间，可采用此法：称量瓶放在电子天平的秤盘上，显示稳定后，按一下"TARE"键使显示为零，然后取出称量瓶向容器中敲出一定量样品，再将称量瓶放在天上称量，如果所示重量（不管"一"号）达到要求范围，即可记录称量结果，若需连续称取第二份试样，则再按一下"TARE"键，示零后向第二容器中转移试样。

（王　莹）

第二章　滴定分析容器的使用

滴定分析中，要用到三种能准确测量溶液体积的仪器，即滴定管、移液管（或吸量管）和容量瓶。这三种仪器的正确使用是滴定分析操作中最重要的工作之一。

仪器使用得正确、熟练能减少溶液体积的测量误差，获得准确的分析结果，是滴定分析成功的先决条件。下面分别介绍这些仪器的性能、规格、洗涤和使用。

一、滴定管

1. 性能　滴定管是滴定时用来准确测量标准溶液体积的量器，是一种细长、内径大小比较均匀、下端缩小的玻璃管，具有精密的刻度。管的下端带有磨口玻璃活塞或连接胶皮管的玻璃尖嘴，如图 2-6。管内装的溶液由此玻璃尖嘴放出。

2. 规格　分析用滴定管有 10ml、25ml、50ml 等。最常用的滴定管的容量为 50ml，在滴定管上部离管口不远的地方有一表示零的标线，自零向下将玻璃管分成 50 等份（单位为 ml），每毫升间又分成 10 等份（单位为 0.1ml），最小刻度间可估计读出 0.01ml，因此，读数可读到小数点后两位，如：0.06ml、24.02ml 等。滴定时，所用标准溶液的体积可由滴定前后管内两液面的差值来计算，故一般读数误差为 ±0.02ml。

滴定管一般分为两种：一种是具有旋塞的滴定管，常称酸式滴定管；另一种是无旋塞的滴定管，常称碱式滴定管。酸式滴定管可用来装酸性及氧化性溶液，但不能装碱性溶液，因为碱性溶液要腐蚀玻璃，使活塞难以转动。碱式滴定管的下端连接一段医用橡皮管，橡皮管内放一玻璃珠，以控制溶液的流出，橡皮管下面再接一尖嘴玻璃管，用来装碱性及无氧化性溶液，凡是能与橡皮管起反应的溶液，如高锰酸钾、碘等溶液，都不能装入碱式滴定管中。滴定管有无色的和棕色的两种颜色，棕色的滴定管，用来装见光易分解的溶液。

图 2-6　滴定管

3. 滴定管的使用　滴定管的使用要遵循："两检、三洗、一排气，正确装液，注意手法，边滴边摇，一滴变色"的使用原则。

（1）两检　一检是检查滴定管是否破损；二检是检查滴定管是否漏水，如是酸式滴定管还要检查玻璃塞旋转是否灵活。

检查酸式滴定管时，把活塞关闭，用自来水充满至零刻线以上，直立约 2min，仔细观察有无水从活塞隙缝渗出，然后将活塞转 180°，再观察 2min，如无水滴滴下，隙缝中也无水渗出，表示滴定管不漏水，即可洗涤使用。若滴定管漏水，可按下面方法

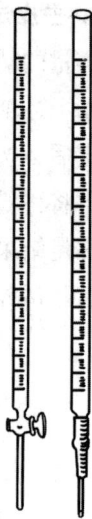

处理：放出滴定管中的水，把滴定管平放在桌面上，先取下活塞上的小橡皮圈，再取下活塞（图2-7），用滤纸或吸水纸擦干活塞和活塞槽，用食指粘少许凡士林在活塞的两头涂上薄薄的一层（图2-8），不要涂到中间有孔处，也不要涂得太厚，把活塞插入活塞槽内，转动活塞，外面观察活塞与活塞槽接触的地方应该是透明状态，而且活塞转动灵活。将滴定管放在桌上，一手顶住活塞大头，一手套好橡皮圈，再检查是否漏水，如还漏水则需重新涂凡士林。

图2-7　取出活塞　　　　　　　　　　　　图2-8　涂凡士林

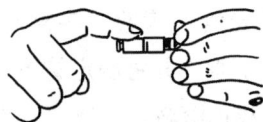

检查碱式滴定管，用自来水充满至零刻线以上，直立约2min，观察尖嘴有无水渗出，手捏玻璃珠使水流下一部分后，再直立2min并观察之。如碱式滴定管漏水，可将橡皮管中的玻璃珠转动一下或者略微向上或向下移动，这样处理后，仍然漏水，则需要更换玻璃珠或橡皮管。

（2）三洗　滴定管在使用前必须洗净。①一洗：当没有明显污染时，可以直接用自来水冲洗。如果其内壁沾有油脂性污物，则可用肥皂液、合成洗涤液或Na_2CO_3溶液润洗，必要时把洗涤液先加热，并浸泡一段时间。所有洗涤剂在洗涤容器后，都要倒回原来盛装的瓶中。铬酸洗液因其具有很强的氧化能力，而对玻璃的腐蚀作用极小，但考虑到六价铬对人体有害，不要多用。无论用肥皂液、洗液等都需要用自来水充分洗涤。②二洗：用蒸馏水淌洗2~3次，每次用5~10ml蒸馏水。③三洗：用要装入的标准溶液最后淌洗2~3次，每次用5~10ml溶液，以除去残留的蒸馏水，保证装入的标准溶液与试剂瓶中的溶液浓度一致。

淌洗的方法是：加入溶液约5~10ml，然后两手平端滴定管，慢慢转动使溶液润湿整个滴定管，再把滴定管竖起，打开滴定管活塞或捏挤玻璃珠，使溶液从出口管下端流出；特别注意：一定要使溶液洗遍全管，而且是溶液接触管壁1~2min，以便与原来残余溶液混合均匀，然后再由下端放出。

（3）标准溶液的装入　装入标准溶液之前先将试剂瓶中的标准溶液摇匀，装时，先把活塞完全关好。然后左手三指拿住滴定管上部无刻度处，滴定管可以稍微倾斜以便接受溶液；右手拿住试剂瓶往滴定管中倒溶液。小瓶可以手握瓶肚（瓶签向手心）拿起来慢慢倒入，大瓶可以放在桌上，手拿瓶颈使瓶倾斜让溶液慢慢倾入滴定管中，直到溶液充满零刻度以上为止。注意装液时，决不能借助于其他仪器（如滴管、漏斗、烧杯等）进行，一定要用试剂瓶直接装入。如标准溶液在容量瓶中，则由容量瓶直接装入。

（4）排气　即排除滴定管下端的气泡。将标准溶液加入滴定管后，应检查活塞下端或橡皮管内有无气泡。如有气泡，对于酸式滴定管可以迅速转动活塞，使溶液急速流出，以排除空气泡。对于碱式滴定管先将滴定管倾斜，将橡皮管向上弯曲，并使滴定管嘴向上，然后捏挤玻璃珠上部，让溶液从尖嘴处喷出，使气泡随之排出（图2-9）。橡皮管内气泡是否排出可把橡皮管对光照着检查一下。排气后将标准溶液调整到"0"刻度处或"0"刻度稍下。

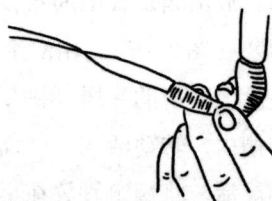

图2-9 碱式滴定管排气

（5）滴定管的读数 手拿滴定管上端无刻度处使滴定管自然下垂，并将滴定管下端悬挂的液滴除去后，进行读数。读数方法如下：对无色溶液或浅色溶液，读取弯月面下缘最低点处；对溶液颜色太深，不能观察下缘时，应从液面最上缘读数。读取时，视线和刻度应在同一水平面上，如图2-10（a）最好面向光亮处，滴定管的读数是自上而下的，应该读到小数点后第二位（即要求估计到0.01ml），在装好标准溶液或放出标准溶液后，都必须等1~2min，使溶液完全从器壁上流下后再读数。为了便于读数，可采用读数卡。读数卡是用涂有黑色的长方形（约3cm×1.5cm）的白纸制成的。读数卡放在滴定管背后，使黑色部分在弯月面下约1mm处，即可看到弯月面的反射层成为黑色，如图2-10（b）然后读此黑色弯月面下缘的最低点。溶液颜色深而读取最上缘时，就可以用白纸作为读数卡。有的滴定管带有白底蓝线，对于无色溶液有两个弯月面相交于蓝线的某一点，读数时视线应与此点在同一水平面上，如图2-10（c），对有色溶液读数方法与上述普通滴定管相同。

不管使用那种方法读数，最初读数和最终读数应采用同一标准，读数后，应立即记录，记录后再读一次，以资核对。

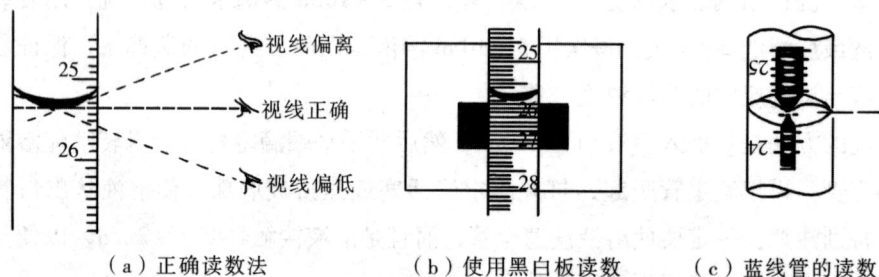

（a）正确读数法 （b）使用黑白板读数 （c）蓝线管的读数

图2-10 滴定管读数

（6）滴定操作及手法 将装有被滴定溶液的锥形瓶放在滴定管下面，瓶下面放白瓷板（滴定管下端伸入瓶口约1cm，瓶底离开下面放的白瓷板2~3cm）。

使用酸式滴定管，以左手的大拇指在前，食指和中指在后一起控制活塞，而无名指、小指抵住活塞下部（图2-11）。在转动活塞时，手指微微弯曲，轻轻向里扣住，手心不要顶住活塞小头一端，以免顶出活塞使溶液溅漏。右手持锥形瓶，使瓶底向同一方向做圆周运动。

图2-11 酸管的操作

使用碱式滴定管时，左手的大拇指和食指捏挤玻璃珠所在部位稍上处（但不能捏挤玻璃珠下方的橡皮管，否则，会在滴定管的尖嘴出现气泡），使橡皮管与玻璃珠间形成一个缝隙，溶液即从此缝隙流出。

滴定时，左手控制溶液流量，右手前三指拿住锥形瓶滴定和振摇溶液要同时进行，使滴下的溶液能较快地分散，以进行化学反应（图2-12）。但注意不要使瓶内的溶液溅出。

滴定不可太快，要使溶液逐滴流出而不连成线。滴定速度一般为10ml/min，即3~4滴/秒。滴定过程中，要注意观察标准溶液的滴落点。一般在滴定开始离终点很远时，滴入标准溶液不会引起可见的变化，但滴到离终点很近时，滴落点周围出现暂时性的颜色变化而当即消失。随着离终点愈来愈近，颜色

图2-12　滴定操作

消失渐慢。在接近终点时，新出现的颜色暂时地扩散到较大范围，但转动锥形瓶1~2圈后仍完全消失。此时应不再边滴边摇，而应滴一滴摇几下。通常最后滴入半滴，溶液颜色突然变化，而放置半分钟内不退，则表示终点已经达到（滴加半滴溶液时，可慢慢控制活塞，使液滴悬挂管尖而不滴落，再用洗瓶以少量的水将之冲入锥形瓶中）。滴定过程中，尤其临近终点时，应用洗瓶将锥形瓶壁上的溶液吹洗下去，以免引起误差。滴定也可在烧杯中进行（图2-13）。滴定时边滴边用玻璃棒搅拌烧杯中的溶液（也可使用电动搅拌器）。

图2-13　在烧杯中的滴定操作

滴定管用完后，应将剩余的溶液倒出，用水洗净。对于酸式滴定管，若长时间不用，还应将活塞拔出，洗去润滑脂，在活塞与活塞槽之间夹一小纸片，再系上橡皮圈放置起来。

二、容量瓶

1. 性能　容量瓶是测量容纳液体体积的一种容量器皿，用于配制一定浓度的溶液。它是细长颈的梨形平底瓶，带有磨口玻塞或塑料塞（图2-14），玻塞或塑料塞可用橡皮筋系在容量瓶的颈上。瓶上标有它的容积和规定该容积时的温度，颈上刻有标线。当液体充满到液面与标线相切时，所容纳的液体体积与瓶上所标示的容积相符合。

一般容量瓶都是"量入"式的，瓶上标有"E"字样，都是"量入"式的，瓶上标有"E"字样，但我国目前统一用"In"字样表示"量入"。它表示在标明温度下（一般为20℃），液体充满到标度刻线时，瓶内液体的体积恰好与瓶上标明的体积相同。

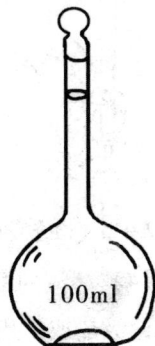

100ml

图2-14　容量瓶

2. 规 格　容量瓶常用的有 5ml、10ml、25ml、50ml、100ml、250ml、500ml、1000ml、2000ml 等几种规格，颜色有棕色和无色，棕色容量瓶用来配制见光易分解的试剂溶液。

3. 使 用　为了正确使用容量瓶，必须明确以下几点：

（1）使用前应检查　容量瓶体积与要求的是否一致；容量瓶的瓶塞是否已用绳系在瓶颈上；磨口玻塞的容量瓶是否漏水。标度刻线位置距离瓶口是否太近。如果漏水或标线离瓶口太近，它不便混匀溶液，则不宜使用。

检查是否漏水，方法如下：在瓶中放入自来水到标线附近，盖好瓶塞，左手食指按住塞子，右手指尖顶住瓶底边缘，倒立 2min（图 2-15），观察瓶塞周围是否有水漏出。如果不漏，把瓶直立后，将瓶塞转动 180°，再倒立 2min 检查。如不漏水，即可使用。

（2）容量瓶的洗涤　洗涤容量瓶时，先用自来水洗几次，倒出水后，内壁不挂水珠，即可用蒸馏水荡洗三次后，备用。否则，就必须用铬酸洗液洗涤。为此，先尽量倒出瓶内残留的水（以免破坏洗液），再加入 10~20ml 洗液，倾斜转动容量瓶，使洗液布满内壁，可放置一段时间，然后将洗液倒回原瓶中，再用自来水充分冲洗容量瓶和瓶塞，洗净后用蒸馏水荡洗三次。用蒸馏水荡洗时，一般每次用 15~20ml 左右，不要浪费。

（3）使用容量瓶时，不要将其玻璃磨口塞随便取下放在桌面上，以免沾污和搞错。欲打开瓶塞操作时，可用右手的食指和中指（或中指和无名指）夹住瓶塞的扁头（图 2-16），这样右手仍可方便地倒出溶液。操作结束后，随即将瓶塞塞回瓶口上。当需用两手操作（如转移溶液等）而不能用手指夹住瓶塞时，可用橡皮筋或细绳将瓶塞系于瓶颈上，如图 2-17 所示。当使用平顶的塑料塞子时，操作时也可将塞子倒置在桌面上。但扁头的玻璃塞子是绝对不允许放在桌面上的，以免沾污。

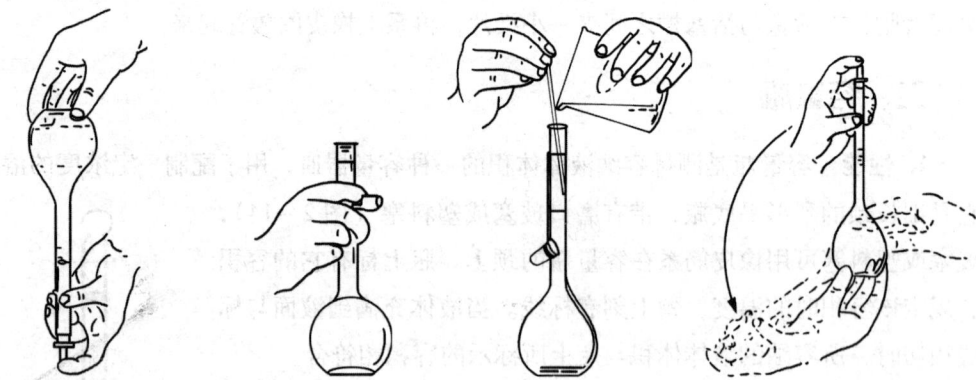

图 2-15　检查漏水　图 2-16　瓶塞不离手　图 2-17　转移溶液　图 2-18　混匀溶液

（4）溶液的配制　在用固体样品配制溶液时，应先将溶质在烧杯中溶解，溶解过程无论吸热或放热，都需将溶液放至室温时，再沿玻璃棒转移到容量瓶中，定量转移溶液时，右手拿玻璃棒，左手拿烧杯，使烧杯嘴紧靠玻璃棒，而玻璃棒则悬空伸入容量瓶口中，棒的下端应靠在瓶颈内壁上，使溶液沿玻璃棒和内壁流入容量瓶中（图2－17），残留在烧杯中的少许溶液，可用少量溶剂（每次用量约 5～10ml）洗涤 3～5次，洗涤液均沿玻璃棒转入容量瓶中（这个过程叫做定量转移），然后加溶剂稀释。当瓶内液体体积达到容量瓶容积的三分之二时，盖好瓶塞，将容量瓶沿水平方向旋摇，使溶液初步混匀。再用溶剂稀释至接近标线 1cm 左右，等 1～2min，使黏附在瓶颈内壁的溶剂流下后，用洗瓶或细而长的滴管慢慢滴加溶剂到溶液弯月面下缘最低点与标线相切为止（无论溶液有无颜色，一律按照这个标准）。盖好瓶塞，左手大拇指在前、中指、无名指及小指在后拿住瓶颈标线以上部分，而以食指顶住瓶塞上部，用右手指尖顶住瓶底边缘（图2－18）。如果容积小于100ml，最好不用右手指尖顶，因为由此造成的温度变化对较小体积有比较大的影响，而且由于瓶子很小，也没有顶住的必要。

（5）混合均匀　将容量瓶倒转，使气泡上升到顶，再倒转过来仍使气泡上升到顶，如此反复 10～20 次，使溶液充分混匀。

4. 注意事项

（1）在一般情况下，当用水稀释超过标度刻线时，就应该弃去重做。

（2）如果浓溶液稀释，可用移液管吸取一定体积的溶液，放入容量瓶后，按上述方法稀释至标线。

（3）不要用容量瓶储存配好的溶液。配好的溶液需要储存，应该转移到洁净、干燥的试剂瓶中。

（4）容量瓶用完后应及时洗净，在瓶塞和瓶口之间衬一纸条后保存起来。

（5）容量瓶不得在烘箱中烘烤（容量瓶无需干燥），也不能在容量瓶中用任何加热的办法加速溶解。

三、移液管与吸量管

1. 性能　移液管与吸量管都是用于准确移取一定体积液体的容量器皿。移液管中间为一膨大的球部，

上下均为较细的管颈，上部有一环形标线，下端有一拉尖的出口，膨大部分的中央刻有数字，标明它的容积和规定该容积的温度。另外还有一种带刻度的移液管，它的中间没有膨大的球部，一般称为吸量管。吸量管可用于吸取非整数的小体积的液体。

2. 规格　常用的移液管有 5ml、10ml、20ml、25ml、50ml、100ml 等规格（图2－19）。常用的吸量管有 0.1ml、0.2ml、0.5ml、1ml、2ml、5ml、10ml 等规格，如果需量取 5、10、25……ml 等整数较大体积的液体时，应该用相应大小的移液管，而不要用吸量管。

3. 使用　使用前，先检查两端是否有破损后再洗涤使用。洗涤时，依次用洗液、自来水、蒸馏水洗涤移液管（洗净的移液管内壁应不挂水珠），然后再用被移取的溶液润洗三次，润洗的方法是：先将被移取的溶液倒入小烧杯中一小部分，润洗时，每次吸入的量不必太多，吸液体至进球部即可，这样做的目的是以免残留在移液管内壁的

蒸馏水稀释被移取的液体。然后，使移液管平躺并转动让液体润湿整个管的内壁，再直立让液体从下部自然流出。

正式吸取液体时（注意：被吸取的液体不能再倒入小烧杯中，应从原试剂瓶中取用），正确的操作姿势是：用右手拇指和中指拿住移液管上端，将移液管插入待吸液体的液面下约2cm（不必插入太深，以免外壁黏有过多的液体，也不应插入太浅，以免液面下降时吸入空气，最好边吸边下移移液管），左手捏瘪洗耳球，排去球中的部分空气，将洗耳球口对准移液管上口，按紧勿使漏气，然后捏洗耳球左手轻轻松开，如图2-20所示，使液体从移液管下端徐徐上升（若液体无毒，也可不用洗耳球，而用嘴吸较快捷）。眼睛注意看管中液面上升，移液管则随着容器中液体的液面下降而下伸。当液体上升到移液管标线以上时，迅速移去洗耳球，用右手食指按住管口，将移液管下端提离液面并接触瓶颈内壁，然后稍微放松右手食指或轻轻用拇指与中指旋转移液管，使液面缓慢、平稳地下降，直到液体弯月面与标线相切，立即紧按食指，使液体不再流出。

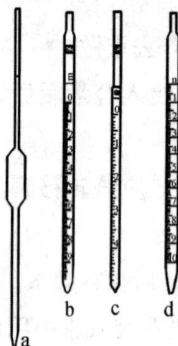

图2-19 移液管和吸量管　　图2-20 吸取溶液的操作　　图2-21 放出溶液的操作

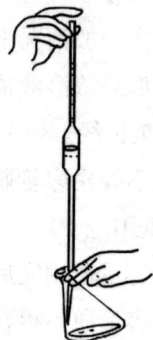

将移液管移入接受容器中，容器稍倾斜而移液管直立并使出口尖端接触器壁，松开食指，让液体自由地顺壁而下（图2-21）。待液体不再流出时，还要稍等片刻（约15s）再把移液管取出。留在管口的少量液体不要吹入接受容器中，因为移液管的标示容积是根据自由流出的液体体积确定的。

吸量管的用法基本上与上述移液管的操作相同，使用吸量管时，通常是使液面从吸量管的最高刻度降到某一刻度，使两刻度之间的体积恰为所需体积。在同一实验中应尽可能使用同一部位，而且尽可能地使用上面部分，不要用末端收缩部分。吸量管分度未刻到管口且要用到末端收缩部分时，放液体操作与移液管相同；如果吸量管的分度一直刻到管口且要用到末端收缩部分时，放液操作要把最后留下的一滴液体吹出。注意根据吸量管的出厂说明书来处理末端的残留液。

移液管、吸量管用完后且短时间内不再用时，应立即用自来水和蒸馏水冲洗，放在管架上不能在烘箱内烘烤。

（王　莹）

第三章 重量分析基本操作

一、样品的溶解

样品的溶解过程：

（1）准备好洁净的烧杯，选好合适的玻璃棒和表面皿。玻璃棒的长度应比烧杯高5~7cm，但不要太长。表面皿的直径应略大于烧杯口直径。烧杯内壁和底不应有纹痕。

（2）称取样品置于烧杯后，用表面皿盖好烧杯。

（3）溶解样品时应注意：

①溶解样品时，若无气体产生，可取下表面皿，将溶剂顺紧靠烧杯壁的玻璃棒下端加入，或沿烧杯壁加入。边加入边搅拌，直至样品完全溶解，然后盖上表面皿。

②溶解样品时，若有气体产生（如白云石等），应先加少量水润湿样品，盖好表面皿，再由烧杯嘴与表面皿间的狭缝滴加溶剂。待气泡消失后，再用玻璃棒搅拌使其溶解。样品溶解后，用洗瓶吹洗表面皿和烧杯内壁。

③有些样品在溶解过程须加热时，可在电炉或煤气灯上进行。但一般只能让其微热或微沸溶解，不能暴沸。加热时须盖上表面皿。

④如样品溶解后需加热蒸发时，可在烧杯口放上玻璃三角或在烧杯沿上挂三个玻璃钩，再盖上表面皿，加热蒸发。

二、沉淀

对处理好的试样溶液须进行沉淀时，应根据沉淀的晶形或非晶形沉淀的性质，选择不同的沉淀条件。

1. 晶形沉淀 分析工作者对晶形沉淀已总结出"稀、热、慢、搅、陈"的沉淀方法，即：

（1）沉淀要在较稀的溶液中进行，即沉淀的溶液要冲稀一些。

（2）沉淀要在热的溶液中进行，即沉淀时应先将溶液和沉淀剂加热后进行。

（3）要慢慢地加入沉淀剂，同时搅拌。为此，沉淀时，左手拿滴管逐滴加入沉淀剂，右手持玻璃棒不断搅拌。滴加时，滴管口应接近液面，避免溶液溅出。搅拌时需注意不要将玻璃棒碰到烧杯壁和杯底。

（4）沉淀后应检查沉淀是否完全。方法是：待沉淀下沉后，滴加少量的沉淀剂于上清液中，观察是否出现浑浊。

（5）沉淀完全后，盖上表面皿，放置过夜或在水浴锅上加热 1h 左右，使沉淀陈化。

2. 非晶形沉淀 非晶形沉淀的沉淀条件，沉淀时宜用较浓的沉淀剂溶液，加入沉淀剂和搅拌的速度均可快些，沉淀完全后要用蒸馏水稀释，不必放置陈化。有时还需加入电解质等。

三、过滤和洗涤

1. 用滤纸过滤

（1）滤纸的选择 滤纸分定性滤纸和定量滤纸两种。重量分析中，当需将滤纸连同沉淀物一起灼烧后称重时，就使用定量滤纸。根据沉淀的性质可选择不同类型的滤纸进行过滤，如 $BaSO_4$、$CaC_2O_4 \cdot 2H_2O$ 等细晶形沉淀，应选用"慢速"滤纸。而 $Fe_2O_3 \cdot nH_2O$ 为胶体沉淀，需选用"快速"滤纸过滤。滤纸的大小应根据沉淀量多少来选择，沉淀一般不要超过滤纸圆锥高度的三分之一，最多不超过二分之一。

（2）漏斗的选择 漏斗锥体角度应为 60°，颈的直径不能太大，一般应为 3 ~ 5mm，颈长为 15 ~ 20cm，颈口处磨成 45°角，如图 2 - 22 所示。漏斗的大小应与滤纸的大小相适应。使折叠后的滤纸的上缘低于漏斗上沿 0.5 ~ 1cm，决不能超出漏斗边缘。

（3）滤纸的折叠和漏斗的准备 滤纸一般按四折法折叠，折叠时，应将手洗干净，擦干，以免弄脏滤纸。滤纸的折叠方法是先将滤纸整齐地对折，然后再对折，这时不要把两角对齐，如图 2 - 23（a），将其打开后成为顶角稍大于 60°的圆锥体，如图 2 - 23（b）。

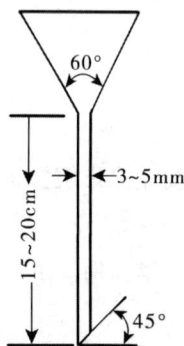

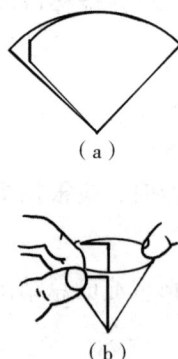

图 2 - 22 漏斗规格　图 2 - 23 滤纸折叠的方法　图 2 - 24 倾泻法过滤

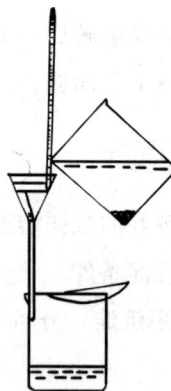

为了保证滤纸和漏斗密合，第二次对折时不要折死。先把圆锥体打开，放入洁净而干燥的漏斗中，如果上边边缘不十分密合，可以稍稍改变滤纸折叠的角度，直到与漏斗密合为止。用手轻按滤纸将第二次的折边折死，所得圆锥体的半边为三层，另半边为一层。然后取出滤纸，将三层厚的一边紧贴漏斗外层撕下一角 [图 2 - 23（a）]，保存于干燥的表面皿上备用。

将折叠好的滤纸放入漏斗中，且三层的一边应放在漏斗出口短的一边。用食指按紧三层的一边，用洗瓶吹入少量的水将滤纸润湿，然后轻轻按滤纸边缘，使滤纸的锥体上部与漏斗间没有空隙［注意三层与一层之间应与漏斗密合］，而下部与漏斗内壁形成隙缝。按好后，用洗瓶加水至滤纸边缘，这时空隙与漏斗颈内应全部被水充满，当漏斗中水全部流尽后，颈内水柱仍保留且无气泡。

若不形成完整的水柱，可以用手堵住漏斗下口，稍掀起滤纸三层的一边，用洗瓶向滤纸与漏斗间的空隙里加水，直到漏斗颈和锥体的大部分被水充满，然后按紧滤纸边，放开堵住出口的手指，此时水柱即可形成。

最后再用蒸馏水冲洗一次滤纸，然后将准备好的漏斗放在漏斗架上，下面放一洁净的烧杯盛接滤液，使漏斗出口长的一边紧靠杯壁，漏斗和烧杯上均盖好表面皿。

（4）过滤　过滤一般分三个阶段进行。第一阶段采用倾泻法，尽可能地过滤清液（图2-24）。用蒸馏水冲洗沉淀后，仍用倾泻法过滤清液；第二阶段是将沉淀转移到漏斗上；第三阶段是清洗烧杯和洗涤漏斗上的沉淀。

采用倾泻法是为了避免沉淀堵塞滤纸的空隙，影响过滤速度。待烧杯中沉淀下降以后，将清液倾入漏斗中，而不是一开始过滤就将沉淀和溶液搅混进行过滤。溶液应沿着玻璃棒流入漏斗中，而玻璃棒的下端对着滤纸三层厚的一边，并尽可能地接近滤纸，但不能接触滤纸。倾入的溶液一般不要超过滤纸高度的2/3，或离滤纸上边缘至少5mm，以免少量沉淀因毛细管作用越过滤纸上缘造成损失。暂停倾泻溶液时，烧杯应沿玻璃棒使其嘴向上提起，使烧杯直立，以免使烧杯嘴上的溶液流失。

过滤过程中，带有沉淀和溶液的烧杯放置方法，应如图2-25所示，即在烧杯下面放一木块，使烧杯倾斜，以利沉淀和清液分开，便于转移清液。同时玻璃棒不要靠在烧杯嘴上，避免烧杯嘴上的沉淀沾在玻璃棒上部而损失。倾泻法如一次不能将清液倾注完时，应待烧杯中沉淀下沉后再次倾注。

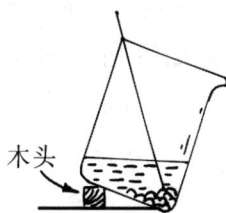

图2-25　过滤时带沉淀和
溶液的烧杯放置方法

倾泻法将清液完全转移后，应对沉淀作初步洗涤。洗涤时，用洗瓶每次约10ml洗涤液吹洗烧杯四周内壁，使黏附着的沉淀集中在杯底部，每次的洗涤液均用倾泻法过滤，如此洗涤3~4次杯内沉淀。然后再加少量洗涤液于烧杯中，搅动沉淀使之混匀，立即将沉淀和洗涤液一起，提高玻璃棒转移至漏斗上。再加入少量洗涤液与烧杯中，搅拌混匀后再转移至漏斗上。如此重复几次，使大部分沉淀转移至漏斗中。然后，按图2-26（a）所示的吹洗方法将沉淀吹洗至漏斗中。即用左手把烧杯拿在漏斗上方，烧杯嘴向着漏斗，拇指在烧杯嘴下方，同时，右手把玻璃棒从烧杯中取出横在烧杯口上，使玻璃棒伸出烧杯嘴约2~3cm。然后用左手食指按住玻璃棒的较高地方，倾斜烧杯使玻璃棒下端指向滤纸三层一边，用右手以洗瓶吹洗整个烧杯壁，使洗涤液和沉淀沿玻璃棒流入漏斗中。如果仍有少量沉淀牢牢地黏附在烧杯壁上而吹洗不下来时，可将烧杯放在桌上，用沉淀帚［如图 2 - 26（b），它是一头带橡皮的玻璃棒］，在烧杯内壁自上而下、自左至右擦拭，使沉淀集中在底部。再按图 2 - 26（a）操作将沉淀吹洗入漏斗上。对牢固地黏在杯壁上的沉淀，也可用前面折叠滤纸时撕下的滤纸角，来擦拭玻璃棒和烧杯内壁，将此滤纸角放在漏斗的沉淀上。

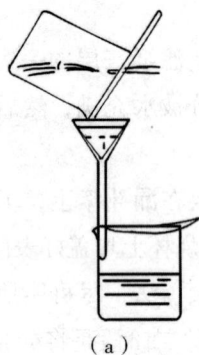

（a）　　　　　　　（b）

图 2 - 26　吹洗沉淀的方法和沉淀帚

图 2 - 27　沉淀的洗涤

经吹洗、擦拭后的烧杯内壁，应在明亮处仔细检查是否吹洗干净，包括玻璃棒、表面皿、沉淀帚和烧杯内壁在内，都要认真检查。

必须指出，过滤开始后，应随时检查滤液是否透明，如不透明，说明有穿滤。这时必须换另一洁净烧杯盛接滤液，在原漏斗上将穿滤的滤液进行第二次过滤。如发现滤纸穿孔，则应更换滤纸重新过滤。而第一次用过的滤纸应保留。

（5）沉淀的洗涤：沉淀全部转移到滤纸上后，应将它进行洗涤。其目的在于将沉淀表面所吸附的杂质和残留的母液除去。其方法如图 2 - 27 所示，即洗瓶的水流从滤纸的多重边缘开始，螺旋形的往下移动，最后到多重部分停止，称为"从缝到缝"，这样，可使沉淀洗得干净且可将沉淀集中到滤纸的底部。为了提高洗涤效率，应掌握洗涤方法的要领。洗涤沉淀时应少量多次，即每次螺旋形的往下洗涤时，用洗涤剂的量要少，便于尽快沥干，沥干后，再行洗涤。如此反复多次，直至沉淀洗净为止。这通常称为"少量多次"原则。此原则可以通过下面的计算来说明它的优点。

设沉淀上残留溶液 V_0，每次加入洗涤液体积 V，可溶性物质的原始浓度为 c_0（mol/L），第一次洗涤后残留溶液杂质的浓度 c_1；第二次洗涤后残留溶液杂质 c_2……而第 n 次洗涤后残留溶液杂质的浓度 c_n。则洗涤第一次后残留物质的浓度为：

$$c_1 = \frac{V_0}{V_0 + V} \times c_0$$

洗涤第二次后残留物质的浓度为：

$$c_2 = \frac{V_0}{V + V_0} \times c_1 = \left(\frac{V_0}{V_0 + V} \right)^2 \times c_0$$

因此，洗涤第 n 次后残留物质的浓度为：

$$c_n = \left(\frac{V_0}{V_0 + V} \right)^n \times c_0$$

所以，残留物的物质的质量为：

$$n_n = V_0 c_n = \left(\frac{V_0}{V_0 + V} \right)^n V_0 c_0$$

　　[例] 某一沉淀用 50ml 洗涤液洗涤。一种方法是每次用 10ml 洗涤液，分 5 次进行洗涤，每次残留溶液为 1ml，可溶性物质的浓度为 0.1mol/L，另一种方法是将 50ml 洗涤液分 2 次洗涤，每次 25ml，其余条件相同。问两种洗涤方法的最后残留物质的量是多少

　　[解] 经 5 次洗涤后，残留物质的量为

$$n_5 = \left(\frac{1}{1+10} \right)^5 \times 1 \times 0.1 = 7 \times 10^{-7} \text{mol}$$

而经两次洗涤后，残留物质的量为

$$n_2 = \left(\frac{1}{1+25} \right)^2 \times 1 \times 0.1 = 1.5 \times 10^{-4} \text{mol}$$

结果表明，采用"少量多次"原则洗涤沉淀的效果较好。

　　然而，洗涤至什么程度才算洗净了呢？要根据具体情况进行检查。例如，当试液中含 Cl^- 和 Fe^{3+} 时，可检查流出的洗液中不含 Cl^- 和 Fe^{3+}，即可认为沉淀已经洗干净。为此可用一支干净小试管盛接 1～2ml 滤液，酸化后，Cl^- 用 $AgNO_3$ 检查，若无 AgCl 白色浑浊出现，说明沉淀已洗净。Fe^{3+} 则用 KSCN 检查，若无淡红色的络合物 $Fe(SCN)^{2+}$ 出现，亦可说明沉淀已洗干净。否则仍需继续进行洗涤。一般来说，若能按正确的洗涤方法，洗涤沉淀 8～10 次，基本可以洗净。然而，对于无定形沉淀，洗涤次数可能稍多一些。

　　至于选用什么洗涤液洗涤沉淀，应根据沉淀的性质而定。有以下三种情况：①对晶形沉淀，可用冷的稀沉淀剂洗涤，因为这时存在同离子效应，可使沉淀减少溶解。但是，如沉淀剂为不易挥发的物质时，则只能用水或其他溶剂来洗涤。②对非晶形沉淀，需用热的电解质溶液为洗涤剂，以防止产生胶溶现象，多数采用易挥发的铵盐作为洗涤剂。③对于溶解度较大的沉淀，可采用沉淀剂加有机溶剂来洗涤，以降低沉淀的溶解度。如用滴定法测定 Si 含量时，先将 SiO_3^{2-} 转变为 K_2SiF_6 沉淀，它经水解后可放出 HF，可用 NaOH 标准溶液滴定。为了降低 K_2SiF_6 沉淀的溶解度，一般是采用 5% KCl 的 (1+1) 乙醇溶液为洗涤剂。

2. 用微孔玻璃漏斗（或坩埚）过滤

　　(1) 微孔玻璃漏斗和坩埚如图 2-28 和图 2-29 所示。此种过滤器皿的滤板是用玻璃粉末在高温下熔结而成。按照微孔的孔径，由大到小分为六级，G1～G6（或称 1～6 号）。1 号的孔径最大（80～120mm），6 号的孔径最小（2mm 以下）。在定量分析中，一般用 G3～G5 规格（相当于慢速滤纸）过滤细晶形沉淀。使用此类滤器时，需用抽气法过滤。凡是烘干后即可称重或热稳定性差的沉淀（如 AgCl），均需采用微孔玻

璃漏斗（或坩埚）过滤。注意：不能用微孔玻璃漏斗（或坩埚）过滤碱性溶液，因它会损坏坩埚和漏斗的微孔。不需称重的沉淀可用微孔玻璃漏斗（或坩埚）过滤。

图 2-28 微孔玻璃漏斗   图 2-29 微孔玻璃坩埚   图 2-30 抽滤装置

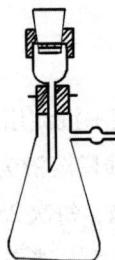

（2）漏斗的准备 漏斗使用前，先用盐酸（或硝酸）处理，然后用水洗净。洗时应将微孔玻璃漏斗装入吸滤瓶的橡皮垫圈中（图 2-30），吸滤瓶再用橡皮管接于抽水泵上。当用盐酸洗涤时，先注入酸液，然后抽滤。当结束抽滤时，应先拔出抽滤瓶上的橡皮管，再关抽水泵。

（3）过滤 将已洗净、烘干且恒重的坩埚，装入抽滤瓶的橡皮垫圈中，接橡皮管于抽水泵上，在抽滤下，用倾泻法过滤，其余操作亦与用滤纸过滤时相同，不同之处是在抽滤下进行。

四、沉淀的干燥和灼烧

1. 干燥器的准备和使用 首先将干燥器擦干净，烘干多孔瓷板后，将干燥剂通过一纸筒装入干燥器的底部应避免干燥剂沾污内壁的上部，图 2-31 所示，然后盖上瓷板。

图 2-31 装入干燥剂的方法   图 2-32 开启干燥器的操作   图 2-33 搬动干燥器的操作

开启干燥器时，左手按住干燥器的下部，右手按住盖子上的圆顶向左前方推开干燥器的盖子（图 2-32）。盖子取下后应拿在右手中，用左手放入（或取出）坩埚（或称量瓶），及时盖上干燥器盖。盖子取下后也可放在桌上安全的地方（注意要磨口向上，圆顶朝下）。加盖时，也应当拿住盖上的圆顶，推着盖好。

当坩埚或称量瓶放入干燥器时，应放在瓷板圆孔内。但称量瓶若比圆孔小时，应放在瓷板上。若坩埚等热的容器放入干燥器时，放入后，应连续推开干燥器1~2次。搬动和挪动干燥器时，应该用两手的拇指同时按住盖，以防滑落打破，如图2-33所示。

2. 坩埚的准备　灼烧沉淀常用瓷坩埚。使用前需用稀盐酸等溶剂洗净、晾干或烘干。然后用蓝黑墨水或 $K_4Fe[CN]_6$ 在坩埚和盖上编号，干后，将它放入高温炉中灼烧（800℃左右），第一次灼烧半小时，取出稍冷后，转入干燥器中冷至室温，称重。然后进行第二次灼烧，约15~20min，稍冷后，再转入干燥器中，冷至室温，再称重。如此重复灼烧至恒重。

3. 沉淀的包裹　欲从漏斗中取出沉淀和滤纸时，应用扁头玻璃棒将滤纸边挑起，向中间折叠，使其将沉淀盖住，如图2-34所示。再用玻璃棒轻轻转动滤纸包，以便擦净漏斗内壁可能黏有的沉淀。然后将滤纸包用干净的手转移至已恒重的坩埚中，使它倾斜放置，滤纸包的尖端朝上。

图2-34　沉淀的包裹

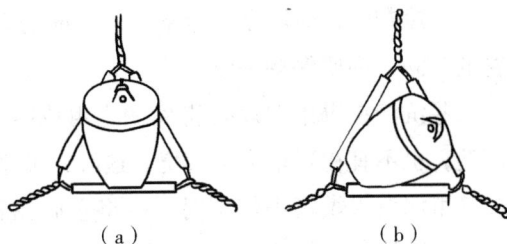

图2-35　瓷坩埚在泥三角上的放置
（a）正确；（b）错误

4. 滤纸的烘干　烘干时应在煤气灯（或电炉）上进行。在煤气灯上烘干时，将放有沉淀的坩埚斜放在泥三角上（注意：滤纸的三层部分向上），坩埚底部枕在泥三角的一边上，坩埚口朝泥三角的顶角，见图2-35（a），但不能按图2-35（b）进行，调好煤气灯。为使滤纸和沉淀迅速干燥，应该用反射焰，即用小火加热坩埚盖的中部［如图2-36中（a）火焰］，这时热空气流便进入坩埚内部，而水蒸气则从坩埚上面逸出。

5. 滤纸的炭化和灰化　滤纸和沉淀干燥（这时滤纸只是被干燥，而不变黑），将煤气灯逐渐移至坩埚底部，使火焰逐渐加大，炭化滤纸，如图2-36中（b）火焰所示。如温度升高太快，滤纸会生成整块的炭，需要较长时间才能将其灰化掉，故不要使火焰加得太大。炭化时如遇滤纸着火，可立即用坩埚盖盖住，使坩埚内的火焰熄灭（切不可用嘴吹灭）。切记着火时，不能置之不理，让其

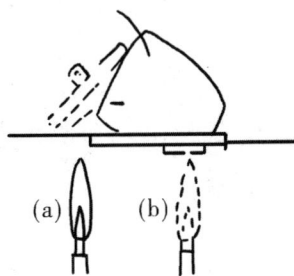

图2-36　火焰加热部位

燃烬，这样易使沉淀随大气流飞散损失。待火熄灭后，将坩埚盖移至原来位置，继续加热至全部炭化（滤纸变黑）。

炭化后可加大火焰，使滤纸灰化。滤纸灰化后，应呈灰白色而不是黑色。为使灰化较快地进行，应该随时用坩埚钳夹住坩埚使其转动，但不要使坩埚中的沉淀翻动以免沉淀飞扬损失。

沉淀的烘干、炭化和灰化也可在电炉上进行。应注意温度不能太高。这时坩埚是直立，坩埚盖不能盖严，其他操作和注意事项同前。

6. 沉淀的灼烧　沉淀和滤纸灰化后，将坩埚移入高温炉中（根据沉淀性质调节适当温度），盖上坩埚盖，但留有空隙。与灼烧空坩埚时相同温度下，灼烧 40～45min，与空坩埚灼烧操作相同，取出，冷至室温，称重。然后进行第二次、第三次灼烧，直至坩埚和沉淀恒重为止。一般第二次以后的灼烧，20min 即可。

从高温炉中取出坩埚时，坩埚钳应先预热，再将坩埚移至炉口，待坩埚冷至红热退去后，再将坩埚从炉中取出放在洁净瓷板上，最后再将坩埚转移至干燥器中。放入干燥器后，盖好盖子，随后需启动干燥器盖 1～2 次。

在干燥器中冷却时，原则是冷至室温，一般需 30min 以上。但要注意，每次灼烧，称重和放置的时间，都要保持一致。

此外，某些沉淀在烘干时就可得到一定组成时，就不要在瓷坩埚中灼烧；而热稳定性差的沉淀，也不宜在瓷坩埚中灼烧。这时，可用微孔玻璃坩埚烘干至恒重即可。

微孔玻璃坩埚放入烘箱中烘干时，应将它放在表面皿上进行。根据沉淀的性质确定干燥温度。一般第一次烘干约2h，第二次约45～60min。如此反复烘干，称重，直至恒重为止。

（王　莹）

第四章 实验操作

实验一 电子天平称量练习

【实验目的和要求】

1. 掌握使用电子天平准确称量物体质量的直接称量、减重称量和去皮称量的方法。

2. 熟悉电子天平的性能和使用规则。

3. 了解电子天平的构造和原理。

【实验原理】

电子天平是根据电磁补偿原理制造而成的。电子天平由微电脑控制,当秤盘负载后,杠杆位移,通过位移传感器(或称光电传感器)检测出一个与被测物质量相关的电流,经模数转换后,以数字和符号显示出称量的结果。

【实验材料】

仪器:电子天平、瓷坩埚2只、称量瓶1只。

试剂:不易吸水的结晶试剂(附:汗布手套1付)。

【实验内容】

1. 检查电子天平是否处于水平。

2. 直接称重法称量两个空坩埚的质量。方法:电子天平清零后,准确称量两只空坩埚的质量,分别记录为 W_0(g)和 W_0'(g)。

3. 减重法称量两份质量为 $0.2 \sim 0.4$g 的试样于上述两个坩埚中。方法:①取1只装有试样的称量瓶,待电子天平显示 0.0000g 后,放在电子天平上待平衡后出现"g",记为 W_1(g)。②再按减重法的操作,倾出试样 $0.2 \sim 0.4$g 于第一只空坩埚中,再放到电子天平上称出称量瓶和剩余试样的质量,记录为 W_2(g)。③再倾出试样 $0.2 \sim 0.4$g 于第二只空坩埚中,再称出称量瓶和余下试样的质量,记录为 W_3(g)。

4. 用直接称量法称出装有试样的2只坩埚的质量,分别记录为 W_4(g)和 W_5(g)。

5. 计算审核称量结果的准确性。即检查两只空坩埚倾入试样后增加的质量值(即 $W_4 - W_0$ 和 $W_5 - W_0'$)是否等于称量瓶中倾出两份试样的质量($W_1 - W_2$ 和 $W_2 - W_3$)。当 $|W_4 - W_0| - |W_1 - W_2| < 0.0005$ 和 $|W_5 - W_0'| - |W_2 - W_3| < 0.0005$ 时,称量结果合格;如果不符合时,应分析原因,并重新称量。

6. 去皮称量法称量两份试样。称量方法:第一份试样的称量,取1只装有试样的称量瓶，置于电子天平上，关好天平门，待出现"g"字样后，按"TARE"键清零，倾出试样 0.2 ~ 0.4g 于坩埚中，将称量瓶放回电子天上称量，当"－"显示值达到 0.2 ~ 0.4g 的要求范围，即可记录称量结果 $W_6(g)$。第二份试样的称量，再次按"TARE"键清零，倾出试样，符合要求称量的质量后，记录称量结果为 $W_7(g)$。重复此步骤可连续称量多份样品重量。

7. 填写使用记录本，做好使用记录；按要求整理天平和实验台，并将坩埚、称量瓶放回原处。最后请教师圈阅实验数据。

【注意事项】

1. 使用电子天平时应严格遵守电子天平的使用规则。特别是电子天平操作中的注意事项。

2. 使用电子天平后，应认真填好使用记录本。

【思考题】

1. 减量法称量是怎样进行的？增量法的称量是怎样进行的？它们各有什么优缺点？应在何种情况下采用？

2. 减量法称量过程中，能否采用药匙加取试样？为什么？

3. 用称量瓶向瓷坩埚倾入试样时，应怎样操作才能避免试样的丢失？一旦试样丢失，对称量结果带来什么误差？

【相关实验】

[1] 蔡明招. 电子分析天平的操作及其称量练习［M］. 分析化学实验. 北京：化学工业出版社，2010.

[2] 马忠革. 电子天平构造原理及使用［M］. 分析化学实验. 北京：清华大学出版社，2011.

（王　莹）

实验二　硫酸钠含量的测定

【实验目的和要求】

1. 掌握沉淀重量法的基本操作。

2. 了解晶形沉淀的沉淀条件。

【实验原理】

在酸性溶液中，以 $BaCl_2$ 作沉淀剂使硫酸盐成为 $BaSO_4$ 晶体沉淀析出，经陈化、过滤、洗涤、灼烧后，以 $BaSO_4$ 沉淀形式称量，即可计算样品中 Na_2SO_4 的含量。

Ba^{2+} 可生成一系列微溶化合物，如 $BaCO_3$、BaC_2O_4、$BaCrO_4$、$BaHPO_4$、$BaSO_4$ 等，其中以 $BaSO_4$ 的溶解度为最小，100ml 溶液，在 100℃ 时溶解 0.4mg，25℃ 时仅溶解 0.25mg，在过量沉淀剂存在时，溶解度大为减少，一般可以忽略不计。在盐酸酸性溶液中进行沉淀，是为了防止产生 $BaCO_3$、$Ba_3(PO_4)_2$、$BaCrO_4$ 沉淀以及 $Ba(OH)_2$ 的共沉淀，但适当提高酸度，可增加 $BaSO_4$ 的溶解度，以降低其相对过饱和度，有利于获得较好的晶形沉淀。

为了防止引起共沉淀现象，故应在热溶液中进行沉淀，以获得纯净的 $BaSO_4$ 晶形沉淀。用微波炉使 $BaSO_4$ 沉淀干燥时，如果沉淀中包藏有硫酸等高沸点杂质，则不能在干燥过程中分解或挥发掉（灼烧干燥时可以除掉硫酸），因此，对沉淀条件和洗涤操作的要求更严格。应将含硫酸根离子试液进一步稀释，而且必须使过量沉淀剂控制在 20% ~ 50% 之内，滴加沉淀剂的速度要缓慢。这样，可得到颗粒较大的晶形沉淀，并能减少硫酸钡沉淀中包藏其他杂质，使测定结果的准确度与传统的灼烧法相同。

【实验材料】

仪器：烧杯（100ml，400ml）、玻璃棒、表面皿、滴管、洗瓶、量筒（10ml，100ml）定量滤纸、长颈漏斗、坩埚（25ml，灼烧至恒重）、坩埚钳、干燥器、电炉、石棉网、酒精灯、电子天平、玻璃坩埚（G4 号或 P16 号）、循环水真空泵、抽滤瓶、微波炉。

试剂：硫酸钠样品（$Na_2SO_4 \cdot 10H_2O$）、稀 HCl（6mol/L）、$BaCl_2$ 溶液（0.1mol/L）、$AgNO_3$（0.1mol/L）。

【实验内容】

方法 1：灼烧干燥恒重法

1. 样品的称取与溶解 精密称取 Na_2SO_4 样品约 0.4g（或其他可溶性硫酸盐，含硫量约 90mg），置于 400ml 烧杯中，加 25ml 蒸馏水使其溶解，稀释至 200ml。

2. 沉淀的制备 在上述溶液中加稀 HCl 1ml，盖上表面皿，置于电炉石棉网上，加热近沸，但勿使溶液沸腾。取 $BaCl_2$ 溶液 30 ~ 35ml 于小烧杯中，加热至近沸，然后用滴管将热 $BaCl_2$ 溶液逐滴加入样品溶液中，同时不断搅拌溶液。当 $BaCl_2$ 溶液即将加完时，静置，于 $BaSO_4$ 上清液中加入 1 ~ 2 滴 $BaCl_2$ 溶液，观察是否有白色浑浊出现，用以检验沉淀是否完全。盖上表面皿，置于电炉（或水浴）上，在搅拌下继续加热，陈化约半小时，然后冷却至室温。

3. 沉淀的过滤和洗涤 将上清液用倾注法到入漏斗中的滤纸上，用一洁净烧杯收集滤液，检查有无沉淀穿滤现象。若有，应重新换滤纸。用少量热蒸馏水洗涤沉淀 3 ~ 4 次（每次加入热水 10 ~ 15ml），然后将沉淀小心地转移至滤纸上，并用一小片滤纸擦净杯壁，将滤纸片放在漏斗内的滤纸上，再用少量蒸馏水洗涤滤纸上的沉淀（约 10 次），至滤液无氯离子为止（用 $AgNO_3$ 溶液检查）。

4. 沉淀的干燥和灼烧 取下滤纸，将沉淀包好，置于已恒重的坩埚中，先用小火烘干炭化，再用大火灼烧至滤纸灰化，然后于电炉上在 800 ~ 850℃ 下灼烧 30min，稍冷，置于干燥器中，冷却 30min 后称量。再重复灼烧 10min，放冷称量，直至恒重。

5. 换算因数 $Na_2SO_4 / BaSO_4 = 142.04/233.39 = 0.6086$，按下式计算 Na_2SO_4 的百

分质量分数：

$$w_{Na_2SO_4}\% = \frac{m_{BaSO_4} \times 0.6086}{m_s} \times 100$$

方法 2：微波干燥恒重

1. 玻璃坩埚的准备　用水洗净两个坩埚，用真空泵抽 2min 以除掉玻璃砂板微孔中的水分，便于干燥。放微波炉在 500W 的输出功率（中高火）下进行干燥，第一次干燥 10min，第二次干燥 4min。每次干燥后放入干燥器中冷却 12~15min（刚放入时留一小缝隙，0.5min 后再盖严），然后在分析天平上快速称量。两次干燥后称量所得质量之差若不超过 0.4mg，即已恒重，否则，还要再次干燥 4min，冷却、称量，直至恒重为止。

2. 沉淀的制备　准确称取 Na_2SO_4 0.4~0.5g 两份，分别置于 250ml 烧杯中，各加入 150ml 水及 3ml HCl 溶液，在水浴锅上用蒸汽加热至 80℃ 以上。在两个小烧杯中各加 30~35ml $BaCl_2$ 溶液水，在电炉上加热至近沸。在连续搅拌下，逐滴加到热的试液中，沉淀剂加完后，待试液澄清时向清夜中加 2 滴 $BaCl_2$ 溶液，仔细观察是否已沉淀完全。若出现浑浊，说明沉淀剂不够，应补加一些使 Ba^{2+} 沉淀完全。在蒸汽浴上陈化 1h，其间每隔几分钟要搅动一次。

3. 称量形式的获得　$BaSO_4$ 沉淀冷却后，用倾泻法在已恒重的玻璃坩埚中进行减压过滤。上清液滤完后，用少量蒸馏水洗涤液将烧杯中的沉淀洗三次，每次用 15ml。然后将沉淀转移到坩埚中，"活"黏附在杯壁和搅棒上沉淀，再用水冲洗烧杯和玻棒，直到沉淀转移完全为止。最后用水淋洗沉淀及坩埚内壁 6 次以上，这时沉淀基本已洗涤干净（如何检验？）。继续抽干 2min 以上（至不再产生水雾），将坩埚放入微波炉进行干燥（第一次 10min，第二次 4min），冷却、称重，直至恒重为止。

4. 计算　计算两份样品中 Na_2SO_4 的质量分数。

【注意事项】

1. $BaSO_4$ 沉淀的灼烧温度应控制在 800~850℃，否则 $BaSO_4$ 将与碳作用而被还原。

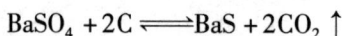

$$BaSO_4 + 4C \rightleftharpoons BaS + 4CO \uparrow$$

$$BaSO_4 + 2C \rightleftharpoons BaS + 2CO_2 \uparrow$$

2. 检查滤液中 Cl^- 时，用表面皿收集 10~15 滴滤液，加 2 滴 $AgNO_3$ 溶液，观察是否出现浑浊，若有浑浊则需继续洗涤。

【思考题】

1. 什么叫陈化？为什么要进行陈化？

2. 实验中在哪个步骤后检查沉淀是否完全？又在哪个步骤后检查洗涤是否完全？如何检查？

【相关实验】

[1] 张小玲. 合金钢中镍含量的测定（丁二酮肟镍沉淀重量法）[M]. 化学分析实验. 北京：北京理工大学出版社，2007.

［2］赵国丁. 沉淀重量法测定硫酸钠的含量［M］. 医药用化学实验. 北京：北京大学医学出版社，2009.

（刘佳维）

实验三　氯化钡中结晶水含量的测定

【实验目的和要求】

1. 掌握干燥失重法测定水分的原理和方法。

2. 熟悉分析天平的正确使用方法。

3. 了解干燥器、烘箱的使用方法。

【实验原理】

干燥失重法常用于固体试样中水分、结晶水或其他易挥发组分的含量测定。将试样放入电热干燥箱中进行常压加热，提高试样内部水的蒸汽压，试样中的水分就向外扩散，达到干燥脱水的目的。存在于物质中的水分一般有两种形式：一种是吸湿水，另一种是结晶水。吸湿水是物质从空气中吸收的水，其含量随空气中的湿度而改变，一般在不太高的温度下即能除掉。结晶水是水合物内部的水，它有固定的质量，可以在化学式中表示出来。例如，$Na_2CO_3 \cdot 10H_2O$；$CuSO_4 \cdot 5H_2O$；$BaCl_2 \cdot 2H_2O$ 等，均可测定其中结晶水的含量。$BaCl_2 \cdot 2H_2O$ 中的结晶水，在125℃时能完全挥发失去：

$$BaCl \cdot 2H_2O \xrightarrow{\triangle} BaCl + 2H_2O$$

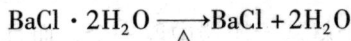

其中无水氯化钡在 $800 \sim 900$℃，甚至更高温度下，也不分解和挥发，称取一定质量的结晶氯化钡，在上述温度下加热到质量不再改变时为止，试样减轻的质量就等于结晶水的质量。

【实验材料】

仪器：分析天平、称量瓶、电热干燥箱、干燥器。

试剂：$BaCl_2 \cdot 2H_2O$ 试样（A. R.）。

【实验内容】

1. 取两只洗净的扁形称量瓶，在干燥箱中于105℃开盖烘干1h，取出放于干燥器内冷却30min，在分析天平上称量。然后重复在干燥箱中于105℃烘干1h，冷却、称量，直至恒重为止。两次称量之差不超过0.3mg，即为恒重，记为 $m_1(g)$。

2. 取 $BaCl_2 \cdot 2H_2O$ 样品约 $1.4 \sim 1.5g$，平铺在上述恒重的称量瓶中，精密称量，记为 $m_1(g)$。

3. 将盛有 $BaCl_2 \cdot 2H_2O$ 样品的称量瓶开盖，将盖斜靠瓶口放在干燥箱中逐渐升温，于105℃烘干1h，取出后勿盖瓶盖，放在干燥器冷却30min，准确称重。然后重复以上操作，直至恒重为止，记为 $m_3(g)$。由加热前称量瓶和样品的质量，减去加热后称量瓶和无水氯化钡的质量，即为失去水分的质量。结晶水的质量分数按下式计算：

$$w_{结晶水} = \frac{m_2 - m_3}{m_2 - m_1}$$

4. 实验记录与数据处理

	1	2	3
m_1（g）			
m_2（g）			
m_3（g）			
结晶水 w_{H_2O}（%）			
$w_{(平均)}$（%）			
RSD%			

【注意事项】

1. 温度不要高于125℃，否则 $BaCl_2$ 可能有部分挥发。

2. 在加热的情况下，称量瓶盖子不要盖严，以免冷却后盖子不易打开。

3. 加热时间不能少于1h。

4. 称取的 $BaCl_2 \cdot 2H_2O$ 样品在放入烘箱前应水平方向轻摇称量瓶，使堆积的样品平铺于瓶底而利于干燥，烘干时应将瓶盖斜放于瓶口。

5. 从烘箱中取物时小心烫伤，烘干物品不可直接用手接触。

6. 烘干物品在干燥器中放置至室温时方可称量，且每次放置时间应一致。

7. 称量烘干物品应称一个就从干燥器中取一个，而且称量速度要快，不可一次全部取出（称量后是否放回干燥器中应视实验具体情况而定）。

8. 称量应准确至0.0001mg（小数点后第4位）。

【思考题】

1. 为什么称量瓶在装样前要烘至恒重？

2. 什么叫恒重？

【相关实验】

［1］赵怀清. 葡萄糖干燥失重的测定［M］. 分析化学实验指导. 北京：人民卫生出版社，2011.

［2］王新宏. 生药灰分的测定［M］. 分析化学实验（双语）. 北京：科学出版社，2009.

（刘佳维）

实验四　容量分析仪器的使用及洗涤

【实验目的和要求】

1. 掌握实验室常用容量分析仪器的使用和洗涤方法。

2. 熟悉洗液的配制方法、使用、用途和注意事项。

3. 了解配置准确浓度溶液和进行容量转移操作。

【实验原理】

定量分析常用仪器大部分都是玻璃制品，玻璃仪器按玻璃性能可分为：可加热的和不可加热的两种。

可加热的有：烧杯、烧瓶、试管。

容器类：如烧杯、试剂瓶、锥形瓶、称量瓶等。

量器类：如移液管、滴定管、容量瓶等。

特殊用途类：如干燥器、漏斗、洗瓶等。

不可加热的有：试剂瓶、移液管（吸管）、滴定管、容量瓶、称量瓶、洗瓶、表面皿等。

按用途可分为：容器类、量器类、特殊用途类。

仪器的常规洗涤方法：一般的容器如烧杯、试剂瓶、锥形瓶、表面皿等可用刷子蘸取去污粉、洗衣粉、肥皂液等直接刷洗其内外表面，并用自来水冲洗，洁净后再用少量的蒸馏水或去离子水润洗 2~3 次。

滴定管、容量瓶和移液管等精密量器为了避免容器内壁受机械磨损而影响容积测量的准确度，一般不用刷子刷洗，如果其内壁沾有油脂性污物，用自来水不能洗去时，则选用合适的洗涤剂润洗，必要时把洗涤剂先加热，并浸泡一段时间，待油脂污物去掉后，用自来水冲洗，再用蒸馏水或去离子水润洗干净。

一个洗干净的玻璃仪器，其内壁应该不挂水珠，这一点对滴定管等精密仪器的洗涤特别重要，也是玻璃仪器是否洗净的一个重要标志。用纯水冲洗仪器时，采用顺壁冲洗并加摇荡，为了达到清洗得好、快、省的目的，每次加少量纯水，多次洗涤的办法。

【实验材料】

仪器：容量瓶（100ml，250ml）、试剂瓶（棕色，白色 50ml）；酸式滴定管（50ml）；碱式滴定管（50ml）；烧杯（50ml，100ml，250ml × 2，500ml）、锥形瓶（250ml ×6）；量筒（10ml，25ml，50ml）滴管；搅拌棒、药匙、洗耳球、移液管等。

试剂：NaCl，重铬酸钾，浓硫酸。

【实验内容】

1. 领取容量分析常用的仪器，检查破损等。

2. 认识实验室常用的容量分析仪器，了解每一种容量仪器的用途（见附录"一"）。

3. 配制一份重铬酸钾–硫酸洗涤液　5g 重铬酸钾，加水 10ml，加热溶解，边加边搅，徐徐加入 100ml 浓硫酸，不断搅拌，即成棕褐色溶液，储存在密闭的玻璃瓶中，备用。

4. 在听取任课教师讲解常用容量分析仪器的使用及洗涤方法之后，按要求对实验中的锥形瓶、容量瓶、试剂瓶、烧杯、量筒、滴管、搅拌棒、酸式滴定管和碱式滴定管进行洗涤。

5. 由任课教师检查洗涤是否合格。

6. 配制一份 NaCl 溶液,将其定容转移至容量瓶,用移液管移取三份。

【注意事项】

1. 滴定管、容量瓶和移液管等量器,不宜用强碱性的洗涤剂洗,以免玻璃受腐蚀而影响容积的准确度。

2. 使用洗液前,必须先将仪器用自来水和毛刷洗刷,倾尽水,以免洗液稀释后降低洗液的洗涤效率。

3. 配好的洗液要放在具有磨口玻璃塞子的玻璃瓶中,否则因浓硫酸易吸水,洗液很快被稀释使洗涤能力逐渐降低。

4. 容量仪器使用铬酸洗液时应特别小心。铬酸洗液为强氧化剂,腐蚀性很强,易烫伤皮肤,烧坏衣服;铬有毒,使用时应注意安全,绝对不能用口吸,只能用洗耳球。

5. 用洗液洗涤后的仪器应先用自来水冲洗干净,再用蒸馏水润洗内壁 2~3 次。

6. 用过的洗液不能随意乱倒,应倒回原瓶,以备下次再用。当洗液变绿时则失效,失效后的洗液绝对不能倒入下水道,只能倒入废液缸内另行处理。

【思考题】

1. 怎样检查洗涤干净的玻璃仪器?

2. 配制铬酸钾洗液时应注意哪些问题?

(高金波)

实验五　滴定分析基本操作练习

【实验目的和要求】

1. 掌握配制酸碱滴定剂的方法;巩固滴定管、容量瓶、移液管的洗涤和使用方法。

2. 熟悉甲基橙、酚酞指示剂滴定终点的判断和滴定分析的基本操作。

3. 了解滴定分析的滴定过程。

【实验原理】

强酸 HCl 与强碱 NaOH 溶液的滴定反应,突跃范围 pH 约为 4~10,在这一范围中可采用甲基橙(变色范围 pH 3.1~4.4)、甲基红(pH 4.4~6.1)、酚酞(变色范围 pH 8.0~9.6)、百里酚蓝和甲酚红钠盐水溶液(变色点 pH 为 8.3)等指示剂来指示终点。在 HCl 溶液与 NaOH 溶液进行相互滴定的过程中,若采用同一种指示剂指示终点,不断改变被滴定溶液的体积,则滴定剂的用量也随之变化,但它们相互反应的体积之比应基本不变。因此在不知道 HCl 和 NaOH 溶液准确浓度的情况下,通过计算 V_{HCl}/V_{NaOH} 体积比的精确度,可以检查实验者对滴定操作技术和判断终点掌握的情况。

【实验材料】

仪器：酸式滴定管（50ml）、碱式滴定管（50ml）、容量瓶（100ml）、玻璃棒、烧杯、量筒、移液管（25ml）等。

试剂：NaOH（固体）浓盐酸、甲基橙 0.2% 水溶液、酚酞 0.2% 乙醇溶液等。

【实验内容】

1. 滴定剂酸、碱溶液的配制

（1）0.1mol/L NaOH 溶液的配制：称取 2.5～3g 固体 NaOH，置于 250ml 烧杯中，用煮沸并冷却后的蒸馏水（为什么？）迅速洗涤 2～3 次（为什么？），每次用 10～15ml 作洗涤液，这样可除去 NaOH 表面上少量 Na_2CO_3。留下的固体苛性碱，用水溶解后，转入试剂瓶中，加水稀释至 500ml，用橡皮塞塞好瓶口，充分摇匀。

（2）0.1mol/L HCl 溶液的配制：用一洁净量杯（或量筒）量取浓盐酸约 4.5ml，倒入试剂瓶中，加蒸馏水稀释至 500ml，盖上玻璃塞，摇匀。

2. 滴定速度练习 碱式滴定管，依照滴定分析容器的使用，在滴定管项下按使用规则，先检查，洗净后进行如下操作，用 0.1mol/L NaOH 溶液润洗碱式滴定管 2～3 次，每次 10～15ml 溶液，然后将 NaOH 溶液装满碱式滴定管，调好零点。由碱式滴定管中放出 NaOH 溶液（滴液放入烧杯中），控制滴定速度为 3～4 滴/秒、1 滴/秒、半滴/秒，以熟练为止。

酸式滴定管，依照滴定分析容器的使用，在滴定管项下按使用规则，先检查，洗净后，进行如下操作，用 0.1mol/L HCl 溶液润洗酸式滴定管 2～3 次，每次 10～15ml 溶液，然后将 HCl 溶液装满酸式滴定管，调好零点。再由酸式滴定管中放出 HCl 溶液（滴液放入烧杯中），控制滴定速度在 3～4 滴/秒、1 滴/秒、半滴/秒，以熟练为止。

3. 以甲基橙为指示剂测定 V_{HCl}/V_{NaOH} 重新将酸式滴定管和碱式滴定管装满溶液，调好零点。由碱式滴定管中以每秒钟 3～4 滴的速度放出 NaOH 溶液 20.00ml 于 250ml 锥形瓶中，加入 1～2 滴甲基橙指示剂，用 0.1mol/L HCl 溶液滴定至溶液刚好由黄色变为橙色（1 滴变色）时，停止滴定，分别记录 V_{HCl} 和 V_{NaOH}。再由碱式滴定管放出 3.00ml 的 NaOH 溶液（记录 $V_{NaOH}=23.00$ml）于上述锥形瓶中，再由滴定管滴加 HCl 溶液，使之 1 滴变色（由黄色变为橙色），记录总耗 V_{HC1}。再加入 3.00ml 的 NaOH 溶液（记录为 $V_{NaOH}=26.00$ml），再用 HCl 溶液滴定至 1 滴变色（由黄色变为橙色），再记录总耗 V_{HC1}。如此反复 3～4 次练习巩固滴定操作和判断滴定终点的方法，实验结果要求求出两溶液的体积比，计算体积比的平均结果、平均相对偏差和标准偏差，要求标准偏差不大于 0.2%。

4. 以酚酞为指示剂测定 V_{HCl}/V_{NaOH} 重新将碱式滴定管和酸式滴定管装满溶液，调好零点。由酸式滴定管中以每秒钟 3～4 滴的速度放出 HCl 溶液 20.00ml 于 250ml 锥形瓶中，加入 1～2 滴酚酞指示剂，用 0.1mol/L NaOH 溶液滴定至溶液由无色变为微红色（1 滴变色）时，停止滴定，记录 V_{HC1} 和 V_{NaOH}。再加入 3.00ml 的 HCl 溶液（记录

23.00ml），再用 NaOH 溶液滴定至溶液 1 滴变色（由无色变为微红色），记录共消耗的 V_{NaOH}。再加入 3.00ml 的 HCl 溶液（记录 26.00ml），再用 NaOH 溶液滴定至溶液 1 滴变色（由无色变为微红色），记录共消耗的 V_{NaOH}。如此反复练习滴定操作和观察终点。结果要求求出两溶液的体积比，计算体积比的平均值、平均相对偏差和标准偏差，要求标准偏差不大于 0.2%。

5. 碱滴定酸的实验　用移液管吸取 25.00ml 0.1mol/L HCl 溶液三份，分别于三个 250ml 的锥形瓶中，各加入 1～2 滴酚酞指示剂。用 NaOH 溶液滴定至 1 滴变色（由无色变为微红色），静止 2min 不退色即为终点。读取所消耗 NaOH 体积 V_{NaOH}（准确至 0.01ml），每次滴定时都应将碱式滴定管中充满溶液，调好零点，要求所消耗 NaOH 溶液的体积的差值不超过 ±0.02ml，否则重新测定。

【注意事项】

1. 每滴定完成一份溶液读出消耗标准溶液的体积后，都应重新用标准溶液充满滴定管，调好零点。

2. 确定滴定终点的方法是 1 滴溶液由滴定管滴下时，锥形瓶中的溶液颜色立刻发生变化时即为终点。

3. 滴定管体积读数要读至小数点后两位，滴定速度不要成流水线。

4. 分析数据和结果的处理要写明有效数字、单位、计算式、误差分析。

【思考题】

1. 在滴定分析实验中，滴定管、移液管为什么要用操作液润洗 2～3 次？锥形瓶、烧杯是否也要用操作液润洗？

2. 简要回答滴定管、移液管、容量瓶的正确使用。

3. HCl 和 NaOH 溶液定量反应完全后，生成 NaCl 和水，为什么用 HCl 滴定 NaOH 时，采用甲基橙指示剂，而用 NaOH 滴定 HCl 时，使用酚酞或其他合适的指示剂？

（王　莹）

实验六　0.2mol/L NaOH 标准溶液的配制与标定

【实验目的和要求】

1. 掌握 NaOH 标准溶液的配制与标定方法。

2. 熟悉酚酞指示剂终点的判断。

3. 了解滴定分析的一般操作程序。

【实验原理】

在酸碱滴定中，NaOH 是常用的标准碱溶液。市售的 NaOH 固体，由于易吸收空气中的 H_2O、CO_2 等常常不能用直接法来配制标准溶液，而是先配制成近似一定浓度的溶液，然后用基准物质来标定。

由于 NaOH 吸收了空气中的 CO_2 使配得的溶液中常含有少量的 Na_2CO_3，因此，NaOH 标准溶液在配制时，可配制成含有 Na_2CO_3 和不含 Na_2CO_3 的两种。含 Na_2CO_3 的 NaOH 标准溶液，可由固体 NaOH 直接配制而成。不含 Na_2CO_3 的 NaOH 标准溶液可由以下方法配制而成。先配制 NaOH 饱和溶液（因 Na_2CO_3 在饱和的 NaOH 中不溶解），然后取其上清液稀释至所需浓度。（饱和 NaOH 溶液含量约 52% ［g/g］，比重约为 1.56）。

标定碱溶液用的基准物质很多，如草酸、苯甲酸、氨基磺酸、邻苯二甲酸氢钾等，目前，最常用的是邻苯二甲酸氢钾。其滴定反应如下：

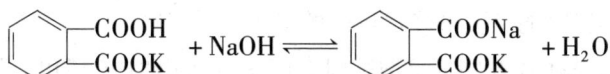

$$\text{COOH} \atop \text{COOK} + NaOH \rightleftharpoons {\text{COONa} \atop \text{COOK}} + H_2O$$

等量点时，由于生成的是强碱弱酸盐，所以水解呈微碱性，应选用酚酞为指示剂。根据已知准确的邻苯二甲酸氢钾的重量和滴定时所用 NaOH 溶液的准确体积，即可求出 NaOH 的准确浓度。

计算公式可由滴定反应及滴定操作步骤推出。如下：

$$c_{NaOH} = \frac{m_邻}{V_{NaOH} \times \dfrac{M_{KHC_8H_4O_4}}{1000}} \qquad (M_{KHC_8H_4O_4} = 204.224)$$

【实验材料】

仪器：电子天平、台秤、称量瓶 1 只、碱式滴定管（50ml）；量筒（10ml，25ml，50ml）；烧杯（500ml）、锥形瓶（250ml）、搅拌棒。

试剂：NaOH 饱和溶液或 NaOH 固体、邻苯二甲酸氢钾、酚酞指示剂、蒸馏水。

【实验内容】

1. 配制

（1）NaOH 饱和水溶液的配制　称取 NaOH 固体 120g，加蒸馏水 100ml，振摇使溶液成饱和溶液。冷却后置塑料瓶中，静置数日，澄清后作储备液（可由教师提前准备）。

（2）0.2mol/L NaOH 溶液的配制　量取 NaOH 的饱和溶液 5.6ml，加新煮沸过的冷蒸馏水至 500ml，摇匀。或直接称取 NaOH 固体 4.4g，加新煮沸过的冷蒸馏水至 500ml，摇匀。

2. 0.2mol/L NaOH 溶液的标定　取在 105～110℃ 干燥至恒重的基准物质邻苯二甲酸氢钾，用分析天平精密称定，每份称取约 0.9g（三份），于三个洁净的 250ml 锥形瓶中，分别加新煮沸过的冷蒸馏水 50ml，小心摇动，使其溶解，加酚酞指示液 2～3 滴，用 0.2mol/L NaOH 溶液滴定。当溶液颜色刚好发生变化时（由无色变化为微红色）停止滴定，准确记录所消耗 NaOH 溶液的体积。计算结果取平均值。要求测定结果的相对误差 ≤0.2%。

3. 滴定记录与数据处理表格

	$m_邻$ (g)	V_{NaOH} (ml)	c_{NaOH} (mol·/L)	$c_{NaOH（平均）}$ (mol·/L)	RSD%
1					
2					
3					

【注意事项】

1. NaOH 饱和溶液的浓度与温度有关，气温低时，浓度低；气温高时浓度高。所以，量取时应根据当时的温度来确定量取的量。

2. 直接取固体 NaOH 配制标准溶液时，因含有 Na_2CO_3，所以，标定时和测定时所用的指示剂应相同，否则将产生较大的误差。

【思考题】

1. 配制标准碱溶液时，用台秤称取 NaOH 是否会影响溶液浓度的准确度？能否用纸称量固体 NaOH？为什么？

2. 用邻苯二甲酸氢钾为基准物质标定 NaOH 溶液的浓度时，一般应消耗 0.2mol/L NaOH 溶液约 22ml，问应称取邻苯二甲酸氢钾多少克？

（王 莹）

实验七　阿司匹林（乙酰水杨酸）的含量测定

【实验目的和要求】

1. 掌握中和法测定阿司匹林含量的原理和基本操作。

2. 进一步熟悉酚酞指示剂的滴定终点的确定。

3. 了解滴定分析的一般操作程序。

【实验原理】

阿司匹林属芳酸酯类药物，分子结构中含有羧基，在溶液中可解离出 H^+，且满足：$cK_a \geq 10^{-8}$，故可用标准碱溶液直接滴定。

用 NaOH 标准溶液滴定阿司匹林的滴定反应为：

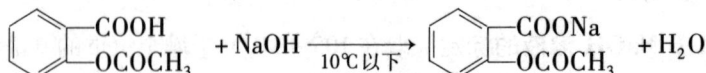

$$\begin{array}{c}\text{COOH}\\ \text{OCOCH}_3\end{array} + NaOH \xrightarrow{\text{10℃以下}} \begin{array}{c}\text{COONa}\\ \text{OCOCH}_3\end{array} + H_2O$$

等量点时，产物是强碱弱酸盐，溶液呈微碱性，应选用碱性区域变色的指示剂，本实验选用酚酞作指示剂。

计算公式：
$$C_9H_8O_4\% = \frac{c_{NaOH} \times V_{NaOH} \times \dfrac{M_{C_9H_8O_4}}{1000}}{S} \times 100\%$$

$$M_{C_9H_8O_4} = 180.16\,g/mol$$

【实验材料】

仪器：碱式滴定管（50ml）、量筒（20ml）、称量瓶1只、电子天平。

试剂：阿司匹林样品、酚酞指示剂、中性乙醇（取适量的乙醇，加酚酞指示剂2～3滴，用0.2mol/L NaOH溶液滴定至微红色，即得）、0.2mol/L NaOH标准溶液（按实验六配制并标定）。

【实验内容】

在分析天平上用减重法精密称取阿司匹林0.8g（三份），于锥形瓶中，分别加中性乙醇20ml，使之溶解后，加酚酞指示剂3滴，在不超过10℃的温度下，用0.2mol/L NaOH标准溶液滴定，当溶液颜色刚好由无色变为微红色时即达到终点。记录三次消耗标准碱溶液的体积并计算结果，取平均值，要求相对误差≤0.2%。

【注意事项】

1. 操作中必须控制温度在10℃以下，是为了防止NaOH与阿司匹林分子结构中另一基团（酯—OCOCH$_3$）发生水解反应而多消耗NaOH溶液，使分析结果偏高。其反应式如下：

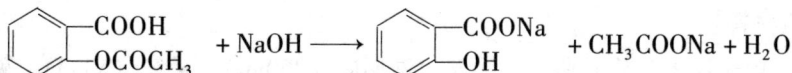

2. 阿司匹林在水中微溶，在乙醇中易溶，故选用乙醇作溶剂。由于乙醇的极性较小，阿司匹林的水解度降低。从而防止阿司匹林的水解，使测量结果更准确。

【思考题】

1. 配制酸碱标准溶液时，溶液已充分摇匀，再使用时是否还需摇匀？

2. 操作步骤中，每份样品重约0.8g是怎样求得的？

3. 根据操作步骤，每份样品应称取0.8g左右，现有一份样品倒出过多，其重量达0.8986g，是否需要重称？

4. 用NaOH标准溶液，还可以测定哪些样品？它们应该具备哪些基本条件？

【相关实验】

［1］中华人民共和国药典委员会. 阿司匹林含量测定［S］. 中华人民共和国药典. 2010.

［2］食醋中总酸度的测定［M］. 分析化学实验. 蔡明招等. 北京：化学工业出版社，2010.

［3］蛋壳中碳酸钙含量的测定［M］. 化学分析实验. 张小玲. 北京：北京理工大学出版社，2007.

（王　莹）

实验八　有机酸摩尔量值的测定

【实验目的和要求】

1. 掌握通过滴定分析法准确测定有机酸的摩尔质量的原理和方法。
2. 熟悉酸碱滴定酚酞为指示剂 NaOH 溶液的变色过程。
3. 了解测定有机酸摩尔质量的影响因素。

【实验原理】

滴定分析除可测定物质的含量，也可测定物质的摩尔量值。测定要求：要求有机酸 $K_a \geqslant 10^{-7}$。NaOH 标准溶液应该相当准确，被测定的有机酸要纯（不纯的有机酸要先提纯，后测定）。

测定原理：有机酸（HnA）与 NaOH 的滴定反应为

$$H_nA + nNaOH \rightleftharpoons Na_nA + nH_2O$$

$$M_{H_nA} = \frac{n \cdot m_{H_nA}}{c_{NaOH} \cdot V_{NaOH}}$$

【实验材料】

仪器：电子天平、称量瓶、干燥器、锥形瓶（250ml）、量筒（50ml）、碱式滴定管（50ml）、烧杯（100ml，250ml）、容量瓶（250ml）、移液管（25ml）等。

试剂：NaOH（固体）、酚酞指示剂（0.2% 乙醇溶液）、邻苯二甲酸氢钾基准物质（在 100～125℃ 干燥 1h 后，放入干燥器中备用）、有机酸试样（如草酸、酒石酸、柠檬酸）。

【实验内容】

1. NaOH 饱和水溶液的配制　称取 NaOH 固体 120g，加蒸馏水 100ml，振摇使溶液成饱和溶液。冷却后置塑料瓶中，静置数日，澄清后作储备液（可由教师提前准备）。

2. 0.2mol/L NaOH 溶液的配制　量取 NaOH 的饱和溶液 5.6ml，加新煮沸过的冷蒸馏水至 500ml，摇匀。或直接称取 NaOH 固体 4.4g，加新煮沸过的冷蒸馏水至 500ml，摇匀。

3. 0.1mol/L NaOH 溶液的标定　在称量瓶中称量基准物质邻苯二甲酸氢钾，采用差减法称量，平行称 7 份，每份 0.4～0.6g，分别倒入 250ml 锥形瓶中，加入 40～50ml 蒸馏水使之溶解后，加入 2～3 滴酚酞指示剂，用待标定 NaOH 溶液滴定至呈现微红色，保持半分钟不退色，即为终点。平行测定 7 份，求得 NaOH 溶液的摩尔浓度，其相对偏差 ≤ ±0.2%。否则需重新标定。

4. 有机酸摩尔量值测定——以柠檬酸为例　取有机酸柠檬酸试样 1.5g 准确称量，置于烧杯中，加蒸馏水使之溶解，定量转入 250ml 容量瓶中，加水稀释至刻度，充分摇匀。用 25.00ml 移液管平行移取三次，分别置入三个 250ml 的锥形瓶中，各加酚酞指示剂 1~2 滴，用 NaOH 标准溶液滴定至终点（每次应保证 1 滴变色），30s 内不退色即为终点。

根据本实验的操作步骤，柠檬酸的摩尔质量值为

$$M_{柠檬酸} = \frac{\frac{m_{柠檬酸}}{10} \times 1000 \times 3}{c_{NaOH} \times V_{NaOH}}$$

注：$m_{柠檬酸}$ 为本次试验称量柠檬酸的质量，V_{NaOH} 单位为 ml，柠檬酸为三元酸，$n=3$。

可供试验的有机酸还有：酒石酸称量样质量为 1.51g，$n=2$；草酸称量质量为 1.26g，$n=2$。

【注意事项】

1. 本实验 0.1mol/L NaOH 溶液的标定实验要求其相对偏差 ≤ ±0.2%，否则将影响摩尔质量值的准确性。

2. 测定过程中有机酸取样要准确，并且平行测定多次，每次终点控制要十分准确，最后以平均值表示结果。

【思考题】

1. 如试样是酒石酸、柠檬酸，按本实验步骤分析，问分别取多少试样？

2. 称取 0.4g 邻苯二甲酸氢钾溶于 50ml 蒸馏水中，问此时 pH 为多少？

3. 称取 $KHC_8H_4O_4$ 为什么在 0.4~0.6g 范围内？能否少于 0.4g 或多于 0.6g？为什么？

4. 如本实验选用草酸为试样，$H_2C_2O_4 \cdot 2H_2O$ 失去一部分水，所测摩尔量值会产生何种误差？

【相关实验】

[1] 马忠革. 有机酸摩尔质量的测定 [M]. 分析化学实验. 北京：清华大学出版社，2011.

[2] 白云山等. 凝固点降低法测定摩尔质量影响因素 [J]. 北京：实验研究与探索，2010，29（4）：30.

（王 莹）

实验九 0.2mol/L HCl 标准溶液的配制与标定

【实验目的和要求】

1. 掌握以 Na_2CO_3 作基准物质标定盐酸溶液的原理及方法。

2. 熟悉酸式滴定管的洗涤、准备、使用方法及甲基橙指示剂终点颜色的判断。

【实验原理】

浓盐酸容易挥发，因此不能直接配制准确浓度的 HCl 标准溶液，只能先配制近似浓度的溶液，然后用基准物质或标准溶液标定其准确浓度，经标定后称为标准溶液。标准溶液才能用来测定样品中碱性物质的含量。

市售浓盐酸质量分数为 37%，密度 1.19g/ml 配制溶液时要根据配制的浓度和体积进行计算。如：配制 0.2mol/L HCl 溶液 500ml，应量取浓 HCl 溶液 9ml。

采用无水 Na_2CO_3 为基准物质来标定 HCl 溶液时，可用甲基橙为指示剂指示滴定终点，滴定反应为：$Na_2CO_3 + 2HCl \rightleftharpoons 2NaCl + H_2O + CO_2 \uparrow$，$Na_2CO_3$ 与 HCl 的反应比为 1:2。

根据滴定操作步骤可推出计算 HCl 溶液浓度的公式如下：

$$c_{HCl} = \frac{\dfrac{25.00}{250.00} \times m_{Na_2CO_3}}{V_{HCl} \times \dfrac{M_{Na_2CO_3}}{2000}} \qquad M_{Na_2CO_3} = 195.989g/mol$$

【实验材料】

仪器：酸式滴定管（50ml）；量筒（10ml，500ml）；移液管（25ml）、容量瓶（250ml）、烧杯（250ml）、锥形瓶（250ml）、洗瓶（500ml）、洗耳球、玻璃棒、滴定管夹、滴定台、电子天平。

试剂：浓盐酸、甲基红－溴甲酚绿指示剂、无水 Na_2CO_3。

【实验内容】

1. 0.2mol/L HCl 的配制　用洁净量筒量取浓 HCl 溶液 9ml，倒入 500ml 试剂瓶中，用蒸馏水洗涤量筒，洗液一并倒入试剂瓶，加蒸馏水至 500ml，盖好，摇匀。

2. 盐酸标准溶液的标定　①基准物质溶液的配制：在电子天平上准确称取 2.2 ~ 2.4g 无水 Na_2CO_3 于小烧杯中，加 50ml 蒸馏水溶解，完全转移至 250ml 容量瓶中定容，摇匀。②滴定管的准备：取酸式滴定管 1 支，检查是否漏水。用蒸馏水冲洗滴定管 2 ~ 3 次，然后用配制好的 0.2mol/L HCl 溶液润洗酸式滴定管 2 ~ 3 次，每次 5 ~ 10ml。将 HCl 溶液装入酸式滴定管中，管中液面调至 0.00ml 附近。③标定 HCl 溶液：用 25.00ml 移液管分别移取三份 Na_2CO_3 溶液于三个锥形瓶中，各加甲基红－溴甲酚绿混合指示剂 10 滴，用 0.2mol/L HCl 溶液滴定至溶液由绿色刚好转化灰褐色时，振荡 2 分钟（或煮沸后冷却至室温，此时如果溶液不能恢复为绿色，实验即为失败），继续小心滴定至溶液刚好由绿色变为暗紫色时，记下读数（平行三次）。计算，结果取平均值。

3. 滴定记录表格

	$m_{Na_2CO_3}$（g）	V_{HCl}（ml）	c_{HCl}（mol·/L）	$c_{HCl（平均）}$（mol·/L）	RSD%
1					
2					
3					

【注意事项】

1. Na_2CO_3有吸湿性，称量时动作要迅速。

2. 近终点时，由于形成缓冲体系，pH变化不大，终点不敏锐，需振摇2min或加热煮沸溶液2min，以除去反应产生的CO_2。

【思考题】

1. HCl溶液能直接配制准确浓度吗？为什么？

2. 在滴定分析实验中，滴定管、移液管为何需要用滴定剂和要移取的溶液润洗几次？滴定中使用的锥形瓶是否也要用滴定剂润洗？为什么？

（刘佳维）

实验十　药用硼砂含量的测定

【实验目的和要求】

1. 掌握甲基红指示剂滴定终点的判定。

2. 熟悉酸碱滴定中碱性物质含量的测定原理和计算得到。

【实验原理】

$Na_2B_4O_7 \cdot 10H_2O$是一个强碱弱酸盐，其滴定产物硼酸是一很弱的酸（$K_a = 5.4 \times 10^{-10}$），并不干扰用盐酸标准溶液对硼砂的测定。在计量点前，酸度很弱，计量点后，盐酸稍过量时溶液pH急剧下降，形成突跃。计量点时pH = 5.1，可选用甲基红为指示剂。

滴定反应：$Na_2B_4O_7 \cdot 10H_2O + 2HCl \Longrightarrow 2NaCl + 4H_3BO_3 + 5H_2O$

$$w_{Na_2B_4O_7 \cdot 10H_2O}\% = \frac{c_{HCl}V_{HCl}\dfrac{M_{Na_2B_4O_7 \cdot 10H_2O}}{2000}}{m_{样品}}$$

$$M_{Na_2B_4O_7 \cdot 10H_2O} = 381.37g/mol$$

【实验材料】

仪器：酸式滴定管（50ml）、锥形瓶（50ml）、电子天平、称量瓶、量筒（50ml）、电炉。

试剂：硼砂固体试样（药用）、HCl标准溶液（0.2mol/L，按实验九法配制与标定）、甲基红（0.1%乙醇溶液）。

【实验内容】

1. 在电子天平上精密称量待测硼砂药品（0.8±0.04）g，于锥形瓶中，加蒸馏水30ml 将样品溶解（必要时加热），溶解后加甲基红指示剂 1 滴，用 0.2mol/L HCl 标准溶液滴定，当甲基红的颜色刚好由黄色变为橙色时停止滴定。记录消耗盐酸的体积（如上三次平行实验，计算三次测定药用硼砂的含量值，最后取平均值作为药用硼砂的含量）。

2. 记录与处理表格

	$m_{硼砂}$（g）	$V_{HCl(终)}$（ml）	$V_{HCl(初)}$（ml）	V_{HCl}（ml）	$w_{硼砂}$（%）	$w_{硼砂(平)}$（%）	RSD%
1							
2							
3							

【注意事项】

1. 硼砂不易溶解，必要时可在电炉上加热使溶解，放冷后再滴定。

2. 终点应为橙色，若偏红，则滴定过量，使结果偏高。

【思考题】

1. 硼砂是强碱弱酸盐，可用盐酸标准溶液直接滴定。醋酸钠也是强碱弱酸盐，是否能用盐酸标准溶液直接滴定？

2. $Na_2B_4O_7 \cdot 10H_2O$ 用 HCl 标准溶液（0.2mol/L）滴定至计量点时的 pH 是多少？如何计算？

3. $Na_2B_4O_7 \cdot 10H_2O$ 若部分风化，则测定结果偏高还是偏低？

【相关实验】

[1] 赵怀清. 氧化锌原料的测定 [M]. 分析化学实验指导. 北京：人民卫生出版社，2011.

[2] 陈焕光. 硫酸铵含氮量的测定 [M]. 分析化学实验（第四版）. 中山大学出版社，2010.

（刘佳维）

实验十一　双指示剂法测定混合碱中各组分的含量

【实验目的和要求】

1. 掌握用双指示剂法测定混合碱的原理、方法和计算。

2. 熟悉混合指示剂终点颜色的判断。

3. 了解多元弱碱滴定过程中溶液 pH 的变化及指示剂的选择。

【实验原理】

混合碱通常是指 NaOH 和 Na_2CO_3 或 Na_2CO_3 和 $NaHCO_3$ 等类似的混合物，可采用双指示剂法对各组分的含量进行测定。

若混合碱是由 NaOH 和 Na_2CO_3 组成，先以酚酞作指示剂，用 HCl 标准溶液滴至溶液略带粉色，第一滴定终点到达，记下用去 HCl 溶液的体积 V_1。过程的反应如下：

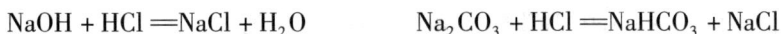

$$NaOH + HCl = NaCl + H_2O \qquad\qquad Na_2CO_3 + HCl = NaHCO_3 + NaCl$$

加入甲基橙指示剂，用 HCl 继续滴至溶液由黄色变为橙色，此时 $NaHCO_3$ 被滴至 H_2CO_3，记下用去的 HCl 溶液的体积为 V_2，此时为第二终点。显然 V_2 是滴定 $NaHCO_3$ 所消耗的 HCl 溶液体积，而 Na_2CO_3 被滴到 $NaHCO_3$ 和 $NaHCO_3$ 被滴定到 H_2CO_3 所消耗的 HCl 体积是相等的。发生的反应为：$NaHCO_3 + HCl = NaCl + H_2O + CO_2\uparrow$

反应关系示意图为：

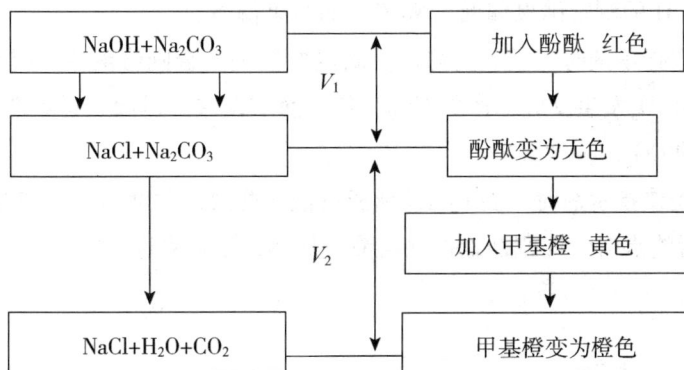

由反应示意图可知：$V_1 > V_2$，且 Na_2CO_3 消耗标准溶液的体积为 $2V_2$，NaOH 消耗标准溶液的体积为 $(V_1 - V_2)$，据此可求得混合碱中 NaOH 和 Na_2CO_3 的含量。计算公式为：

$$w_{Na_2CO_3}\% = \frac{c_{HCl}(V_2)_{HCl}M_{Na_2CO_3}}{m_S} \times 100$$

若混合碱系 Na_2CO_3 和 $NaHCO_3$ 的混合物，以上述同样方法进行测定，则 $V_2 > V_1$，且 Na_2CO_3 消耗标准溶液的体积为 $2V_1$，$NaHCO_3$ 消耗 HCl 标准溶液的体积为 $(V_2 - V_1)$，计算公式如下：

$$w_{Na_2CO_3}\% = \frac{c(V_1)_{HCl}M_{Na_2CO_3}}{m_S} \times 100$$

$$w_{NaHCO_3}\% = \frac{[c(V_2 - V_1)_{HCl}]\,M_{NaHCO_3}}{m_S} \times 100$$

综上所述，若混合碱系由未知试样组成，则可根据 V_1 与 V_2 的数据，确定混合碱的组成，并计算出各组分的含量。

【实验材料】

仪器：酸式滴定管（50ml），锥形瓶（250ml）；量筒（100ml，10ml）；试剂瓶

（500ml），分析天平。

试剂：0.2mol/L 盐酸标准溶液，混合碱，酚酞指示剂（0.1%乙醇溶液），甲基橙指示剂（0.1%乙醇溶液）。

【实验内容】

准确称取 0.6g 混合碱于 250ml 的锥形瓶中，用 50ml 的蒸馏水溶解完全，加入 1 滴酚酞指示剂，用 0.2mol/L 的 HCl 标准溶液滴定至红色消失，记录此时消耗的 HCl 体积 V_1；继续接着加入 1 滴甲基橙指示剂，溶液变为黄色，继续用 HCl 标准溶液滴定至黄色变为橙色，用去盐酸体积 V_2，平行测定三次。

根据消耗的盐酸体积 V_1 和 V_2 关系，确定混合碱的组成，计算各种组分的含量。

【注意事项】

1. 混合碱由 NaOH 和 Na_2CO_3 组成时，酚酞指示剂可适量多加几滴，否则常因滴定不完全而使 NaOH 的测定结果偏低，Na_2CO_3 的结果偏高。

2. 用酚酞作指示剂时，摇动要均匀，滴定要慢些，否则溶液中 HCl 局部过量，会与溶液中的 $NaHCO_3$ 发生反应，产生 CO_2，带来滴定误差。但滴定也不能太慢，以免溶液吸收空气中的 CO_2。

3. 用甲基橙作指示剂时，因 CO_2 易形成过饱和溶液，酸度增大，使终点过早出现，所以在滴定接近终点时，应剧烈地摇动溶液或加热，以除去过量的 CO_2，待冷却后再滴定。

【思考题】

1. 测定混合碱，可能有 NaOH、Na_2CO_3、$NaHCO_3$，判断下列情况下，混合碱中存在的成分是什么？

（1）$V_1 = 0$，$V_2 \neq 0$；（2）$V_2 = 0$，$V_1 \neq 0$；（3）$V_2 \neq 0$，$V_1 > V_2$；（4）$V_1 \neq 0$，$V_1 < V_2$；（5）$V_1 = V_2 \neq 0$

2. 食用碱的主要成分是 Na_2CO_3，常含有少量的 $NaHCO_3$，能否以酚酞为指示剂测定 Na_2CO_3 含量？

【相关实验】

[1] 中华人民共和国药典. 碳酸氢钠片中碳酸氢钠含量测定［S］. 2010.

[2] 白剑青. 双指示剂甲醛滴定法测定味精中谷氨酸钠的探讨［J］. 中国调味品，2011，36（4）：84.

[3] 达古拉. 微量滴定法测定食用碱的组成［J］. 内蒙古民族大学学报，2009，15（4）：144.

（高赛男）

实验十二　高氯酸标准溶液（0.1mol/L）的配制与标定（微型实验）

【实验目的和要求】

1. 掌握非水溶液酸碱滴定的原理及操作。

2. 熟悉微量滴定管的使用方法。

3. 了解高氯酸标准溶液的配置方法及注意事项。

【实验原理】

在冰醋酸中，高氯酸的酸性最强。因此在非水滴定中常采用高氯酸作滴定剂，以高氯酸的冰醋酸溶液为滴定碱的标准溶液。高氯酸、冰醋酸均含有水分，需加入计算量的醋酐，以除去其中的水分。

标定高氯酸标准溶液，常用邻苯二甲酸氢钾为基准物质，以结晶紫为指示剂。滴定反应式如下：

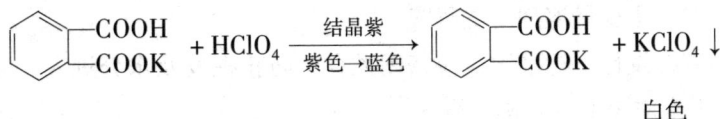

生成的 $KClO_4$ 不溶于冰醋酸 – 醋酐溶液，因而有沉淀生成。$HClO_4$ 标准溶液的浓度按下式计算：

$$c_{HClO_4} = \frac{m_{KHC_8H_4O_4}}{V_{HClO_4} \times \dfrac{M_{KHC_8H_4O_4}}{1000}}$$

$$M_{KHC_8H_4O_4} = 204.2 \ （g/mol）$$

式中，V_{HClO_4} 为空白校正后的体积。

【实验材料】

仪器：电子天平、称量瓶、取样勺、微量滴定管（10ml）、锥形瓶（50ml）、量筒（100ml）。

试剂：邻苯二甲酸氢钾（基准试剂）、$HClO_4$〔浓度为 70% ～72%（g/g），比重1.7〕、冰醋酸、醋酐（浓度 97%，相对密度 1.08）、结晶紫指示液（0.5% 冰醋酸溶液）。

【实验内容】

1. 0.1mol/L $HClO_4$ 标准溶液的配制　取无水冰醋酸（按含水量计算每 1g 水加醋酐 5.22ml）750ml，加入高氯酸 8.5ml，摇匀，在室温下缓缓滴加醋酐 24ml，边加边摇，加完后再振摇均匀，放冷。加无水冰醋酸适量使成 1000ml，摇匀，放置 24h。若所测供试品易乙酰化，则需用水分测定法（2010 年版《中国药典》二部附录Ⅷ M 第一法）

测定本液的含水量，再用水和醋酐调节至本溶液的含水量为 0.10% ~ 0.2%。

2. 0.1mol/L HClO₄标准溶液的标定 取在 105 ~ 110℃ 干燥至恒重的基准物质邻苯二甲酸氢钾约 0.16g，精密称定，加醋酐 – 冰醋酸（1:4）混合溶剂 10ml 使之溶解，加结晶紫指示液 1 滴，用高氯酸标准溶液（0.1mol/L）滴定至蓝色，即为终点。将滴定结果用空白试验校正。

【注意事项】

1. 配制高氯酸冰醋酸溶液时，不能将醋酐直接加入高氯酸中，因醋酐与高氯酸反应激烈并放出大量的热，会发生爆炸，应先用冰醋酸将高氯酸稀释后再缓缓加入醋酐。

2. 使用的微量滴定管应预先洗净，倒置沥干；其他容量器皿应预先洗净烘干。

3. 高氯酸、冰醋酸会腐蚀皮肤、刺激黏膜，应注意防护。

4. 标准溶液应置于棕色瓶中密闭保存，标定时应记下室温。

5. 装高氯酸标准溶液的滴定管，其活塞不用凡士林润滑，而应用真空油。

6. 微量滴定管的使用和读数（估重时按 8ml 计算；读数可读至小数点后第三位，最后一位为 "5" 或 "0"）。

7. 近终点时，用少量溶剂荡洗瓶壁。

8. 冰醋酸有挥发性，标准溶液应密闭贮存，防止挥发及水分进入。标准溶液装入滴定管后，其上端应盖上一干燥小烧杯。

9. 实验结束后应回收未用完的溶剂。

10. 本滴定液因系以无水冰醋酸为溶剂，其膨胀系数为 0.0011。室内温度的变动将严重影响滴定液的浓度，因此在标定与滴定供试品的过程中，均应保持室内温度的恒定，记录室温，若滴定样品与标定高氯酸滴定液时的温度差别超过 10℃，则应重新标定；若未超过 10℃，则可根据下式将高氯酸滴定液的浓度加以校正。

$$N_1 = \frac{N_0}{1 + 0.0011 \ (t_1 - t_0)}$$

为避免受室温差异的影响，宜将标定滴定液与滴定供试品溶液的工作同进行。

11. 本滴定液应贮于具塞棕色玻瓶中，或用黑布包裹，避光密闭保存。有效期为 2 个月。

【思考题】

1. 标定时称取 0.16g 邻苯二甲酸氢钾，估计应消耗 HClO₄标准溶液（0.1mol/L）多少毫升？使用何种滴定管为宜？

2. 为什么邻苯二甲酸氢钾，既可以标定碱（NaOH 水溶液），又可标定酸（HClO₄冰醋酸溶液)？

3. 为什么要做空白试验？

（李文超）

实验十三　水杨酸钠含量的测定（微型实验）

【实验目的和要求】

1. 掌握有机酸碱金属盐的非水滴定方法。

2. 熟悉结晶紫指示剂滴定终点的确定。

3. 了解水杨酸钠的一般理化性质。

【实验原理】

水杨酸钠为白色鳞片或粉末，无气味，久露光线中变粉红色。溶于水、甘油，不溶于醚、三氯甲烷、苯等有机溶剂。遇火可燃。主要用于止痛药和风湿药，也用作有机合成。由水杨酸用碱中和结晶而得。本品在水中易溶，在乙醇中溶解。

水杨酸钠是有机酸的碱金属盐，在水溶液中碱性较弱，不能直接进行滴定。但是可以选择适当的非水溶剂，使其碱性增强，再用高氯酸标准溶液进行滴定。其在醋酸溶剂中的滴定反应为：

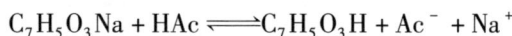

$$C_7H_5O_3Na + HAc \rightleftharpoons C_7H_5O_3H + Ac^- + Na^+$$

$$HClO_4 + HAc \rightleftharpoons H_2Ac^+ + ClO_4^-$$

$$H_2Ac^+ + Ac^- \rightleftharpoons 2HAc$$

总反应：$HClO_4 + C_7H_5O_3Na \rightleftharpoons C_7H_5O_3H + ClO^- + Na^+$

滴定在醋酐－冰醋酸混合溶剂中进行，用结晶紫为指示剂，用高氯酸标准溶液滴定到蓝绿色为终点。

【实验材料】

仪器：分析天平、称量瓶、酸式滴定管（10ml）、锥形瓶（50ml）、烧杯等。

试剂：高氯酸标准溶液、醋酐－冰醋酸混合液（1:4）、结晶紫指示液、水杨酸钠。

【实验内容】

精密称取在105℃干燥至恒重的水杨酸钠约0.13g于50ml干燥的锥形瓶中，加醋酐－冰醋酸（1:4）混合溶剂10ml使溶解，加结晶紫指示液1滴。用高氯酸标准溶液（0.1mol/L）滴定至蓝绿色，滴定结果用空白试验校正。按下式算出本品的百分质量分数

$$w_{C_7H_5O_3Na}\% = \frac{c_{HClO_4} \times (V_{样品} - V_{空白})\ M_{C_7H_5O_3Na}}{m_S \times 1000} \quad (M_{C_7H_5O_3Na} = 160.1\text{g/mol})$$

【注意事项】

1. 使用仪器均需预先洗净干燥。

2. 注意测定时的室温，若与标定时室温相差较大时，需加以校正（相差±2℃以上），或重新标定（相差±10℃以上）。

3. 注意节约使用有机溶剂。

【思考题】

1. 醋酸钠在水溶液中为一弱碱，是否可用盐酸标准溶液直接滴定？能否用非水酸碱法测定？若能测定，试设计一简单的操作步骤。

2. 若标定时和样品测定时的室温相差较大，标准溶液的浓度应如何校正（冰醋酸的体积膨胀系数 = 0.0011）？

3. 以结晶紫为指示剂，为什么测定邻苯二甲酸氢钾时，终点颜色为蓝色？而测定水杨酸钠时，终点颜色为蓝绿色？

【相关实验】

［1］孙毓庆. 盐酸麻黄碱的含量测定［M］. 分析化学实验. 北京：科学出版社，2010.

［2］黄杉生. 非水滴定法测定 α - 氨基酸含量［M］. 分析化学实验. 北京：科学出版社，2008.

［3］孙毓庆. 苯海拉明的含量测定［M］. 分析化学实验. 北京：科学出版社，2010.

（李文超）

实验十四　0.05mol/L EDTA 标准溶液的配制与标定

【实验目的和要求】

1. 掌握 EDTA 标准溶液配制和标定的方法。

2. 熟悉配位滴定的原理和特点。

3. 了解金属指示剂变色原理及使用注意事项。

【实验原理】

EDTA 标准溶液常用乙二胺四乙酸的二钠盐（EDTA·2Na·H$_2$O）配制。EDTA·2Na·H$_2$O 为白色结晶粉末，因不易制得纯品，标准溶液常用间接法配制，以 ZnO 为基准物质标定其浓度。滴定条件：pH = 10 左右，以铬黑 T 为指示剂，终点由紫红色变为纯蓝色。滴定过程中的反应为：

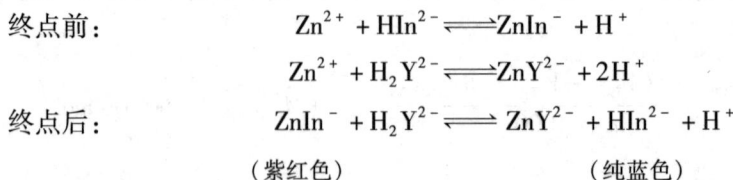

终点前：
$$Zn^{2+} + HIn^{2-} \rightleftharpoons ZnIn^- + H^+$$
$$Zn^{2+} + H_2Y^{2-} \rightleftharpoons ZnY^{2-} + 2H^+$$

终点后：
$$ZnIn^- + H_2Y^{2-} \rightleftharpoons ZnY^{2-} + HIn^{2-} + H^+$$
$$\text{（紫红色）} \qquad\qquad\qquad \text{（纯蓝色）}$$

【实验材料】

仪器：酸式滴定管（50ml）、烧杯（500ml）、硬质玻璃瓶或聚乙烯塑料瓶（250ml）、锥形瓶（250ml）。

试剂：EDTA - 2Na·H$_2$O，氧化锌基准物，稀盐酸（1:1），氨试液，NH$_3$·H$_2$O -

NH_3Cl 缓冲液（pH = 10.0），甲基红指示剂（0.025%），铬黑 T 指示剂。

附：铬黑 T 指示剂的配制

第一种方法：取铬黑 T 0.1g 与磨细的干燥 NaCl 10g 研匀，配成固体合剂，保存在干燥器中，用时用药勺挑取即可。

第二种方法：取铬黑 T 0.2g 溶于 15ml 三乙醇胺，待完全溶解后，加入 5ml 无水乙醇即得，此溶液可用数月不变质。如单用乙醇配制，则只能使用 2~3 天即失效。

【实验内容】

1. EDTA 溶液（0.05mol/L）的配制　取 EDTA – 2Na·2H₂O 约 9.5g，加 100ml 蒸馏水温热使之溶解，稀释至 500ml，摇匀，贮存于聚乙烯瓶中。

2. EDTA 溶液（0.05mol/L）的标定

方法 1　精密称取已在 800℃ 灼烧至恒重的基准物 ZnO 约 0.12g，加稀 HCl 3ml 使之溶解，加蒸馏水 25ml 和甲基红指示剂 1 滴，滴加氨试液至溶液呈微黄色（如出现沉淀纯属正常）。再加蒸馏水 25ml，$NH_3·H_2O - NH_3Cl$ 缓冲溶液 10ml 和铬黑 T 指示剂适量，用 EDTA 溶液滴定至溶液由紫红色变为纯蓝色即为滴定终点（三次平行测定）。用下式计算 EDTA 标准溶液的浓度（$M_{ZnO} = 81.38$）

$$c_{EDTA} = \frac{m_{ZnO} \times 1000}{V_{EDTA} \times M_{ZnO}} \qquad M_{ZnO} = 81.39 \text{g/mol}$$

方法 2　精密称取已在 800℃ 灼烧至恒重的基准物 ZnO 约 0.5g，加稀 HCl 8ml 使之溶解，定量转移至 100ml 容量瓶中，加蒸馏水至刻度，摇匀；移液管移取上述溶液 20.00ml，加 25ml 蒸馏水和甲基红指示剂 1 滴，滴加氨试液至溶液呈微黄色（出现沉淀属正常现象）。再加蒸馏水 25ml，$NH_3·H_2O - NH_3Cl$ 缓冲溶液 10ml 和铬黑 T 指示剂适量，用 EDTA 溶液滴定至溶液由紫红色变为纯蓝色即为滴定终点（三次平行测定）。

$$c_{EDTA} = \frac{m_{ZnO} \times \dfrac{20.00}{100.00} \times 1000}{V_{EDTA} \times M_{ZnO}} \qquad M_{ZnO} = 81.39 \text{g/mol}$$

【注意事项】

1. EDTA·2Na·H₂O 在水中溶解较慢，可加热使溶解或放置过夜。

2. 贮存 EDTA 溶液应选用硬质玻璃瓶，如用聚乙烯瓶贮存更好。避免与橡皮塞、橡皮管等接触。

3. 配位反应为分子反应，反应速度不如离子反应快，近终点时，滴定速度不宜太快。

【思考题】

1. 滴定时加入氨 – 氯化铵缓冲溶液的作用是什么？

2. 选择金属指示剂的原则是什么？

（李文超）

实验十五　水的硬度测定

【实验目的和要求】

1. 掌握配位滴定法测定水硬度的原理、方法和计算。
2. 熟悉铬黑 T 指示剂的使用条件及终点变化。
3. 了解水硬度的常用表示方法。

【实验原理】

常水（自来水、河水、井水）含有较多的钙盐和镁盐，所以常水都是硬水。常水用作锅炉用水或制备无离子水时，都需要测定其硬度。

取一定的水样，调节 pH≈10，以铬黑 T 为指示剂，用 0.01mol/L EDTA 溶液滴定 Ca^{2+}、Mg^{2+} 离子的总量，即可计算水的硬度。

反应方程式为：

$$Mg^{2+} + HIn^{2-} \rightleftharpoons MgIn^- + H^+$$

$$Ca^{2+} + H_2Y^{2-} \rightleftharpoons CaY^{2-} + 2H^+$$

$$Mg^{2+} + H_2Y^{2-} \rightleftharpoons MgY^{2-} + 2H^+$$

终点时：　　　　$$MgIn^- + H_2Y^{2-} \rightleftharpoons MgY^{2-} + HIn^{2-} + H^+$$

　　　　　　　　酒红色　　　　　　　　　　纯蓝色

表示硬度常用的 2 种方法：

（1）将测得的 Ca^{2+}、Mg^{2+} 折算成 $CaCO_3$ 的重量，以每升水中含有 $CaCO_3$ 的毫克数表示硬度，1mg/L 可写作 1ppm。

$$\text{计算公式：硬度} = (CV)_{EDTA} \times 100.09 \times \frac{1000}{100} \ (mg/L)$$

（2）将测得的 Ca^{2+}、Mg^{2+} 折算成 CaO 的重量，而以每升水中含有 10mg CaO 为 1 度，以表示水的硬度。

$$\text{计算公式：硬度} = (CV)_{EDTA} \times 56.08 \times \frac{1}{10} \times \frac{1000}{100} \ (\text{度})$$

【实验材料】

仪器：酸式滴定管（50ml）、锥形瓶（250ml）、量筒（10ml）、移液管（100ml，50ml 或 25ml）、药勺、洗耳球等。

试剂：0.01mol/L EDTA 标准溶液、$NH_3 \cdot H_2O - NH_4Cl$ 缓冲溶液、蒸馏水、铬黑 T 指示剂。

【实验内容】

1. 0.01mol/L EDTA 标准溶液的配制　用移液管准确移取 0.05mol/L 的 EDTA 标准溶液 50ml，于 250ml 的容量瓶中，稀释至刻度，摇匀（注：0.05mol/L 的 EDTA 标准溶液的准确浓度已由上一实验测得）。

2. 用移液管移取水样 100ml 置于锥形瓶中，加 $NH_3 \cdot H_2O - NH_4Cl$ 缓冲溶液（pH≈10）5ml，铬黑 T 指示剂少许，用 0.01mol/L EDTA 标准溶液滴定，当溶液的颜色刚好由酒红色变为纯蓝色时停止滴定，即为终点。记录消耗 0.01mol/L DETA 标准溶液的体积 V_{EDTA}，平行测定三次，结果取平均值。

【注意事项】

1. 在采集分析水样时，注意采集时间、地点、方式和容器等，以防止 Fe^{2+}、Fe^{2+}、Al^{3+} 的引入，如果被引入要加入三乙醇胺来掩蔽这些离子。

2. 铬黑 T 指示剂的用量要适当，以鲜艳的酒红色为度，不可为黑酒红色，由于黑红紫色在滴定终点时转化为黑蓝颜色，导致滴定终点较难判断，影响测定结果的准确度。

3. 当水的硬度较大时，在 pH = 10 会析出 $CaCO_3$ 沉淀使溶液变浑。

$$HCO_3^- + Ca^{2+} \Longrightarrow CaCO_3 \downarrow + H^+$$

在这种情况下，滴定至终点时，常出现返回现象，使终点难于确定，滴定结果的重复性差。为了防止 Ca^{2+}、Mg^{2+} 的沉淀，可按以下方法操作：

用移液管移取水样 100ml，置于锥形瓶中，投入一小块刚果红试纸，用 6mol/L 盐酸酸化至试纸变蓝色，振摇 2min 后，再加 $NH_3 \cdot H_2O - NH_4Cl$ 缓冲溶液 5ml 和铬黑 T 指示剂少许，用 0.01mol/L EDTA 标准溶液滴定。终点时记录消耗 0.01mol/L EDTA 标准溶液的体积 V_{EDTA}，平行测定三次，结果取平均值。

【思考题】

1. 为什么 0.01mol/L EDTA 溶液要由 0.05mol/L 的 EDTA 标准溶液稀释的方法获得？

2. 为什么测定 Ca^{2+} 和 Mg^{2+} 总量时，要控制 pH = 10？叙述铬黑 T 指示剂的使用条件。

3. 测定总硬度时，溶液中发生了哪些反应，它们如何竞争？

【相关实验】

［1］中华人民共和国药典. 硫酸锌的含量测定（或硫酸镁的含量测定）［S］. 2010：第二部

［2］张建珍，等. EDTA 络合滴定法连续测定铁矿石中钙和镁［J］. 冶金分析，2011，31（8）：74.

（李文超）

实验十六　中药明矾的含量测定

【实验目的和要求】

1. 掌握络合滴定法中剩余回滴法的基本原理及计算。

2. 了解 EDTA 测定铝盐的特点。

【实验原理】

明矾 $KAl(SO_4)_2 \cdot 12H_2O$ 分子量 = 474.44，测定明矾的含量一般都测定其组成中铝含量，然后换算成明矾。用 EDTA 滴定 Al^{3+} 需在下列条件下进行。

EDTA 与 Al^{3+} 的络合反应速度较慢，因此要采用剩余回滴法进行，即加入一定量过量的 EDTA，加热促使络合反应进行到底（即反应完全）。

$$Al^{3+} + H_2Y^{2-} \Longrightarrow AlY^- + 2H^+$$

然后再用标准锌溶液回滴剩余的 EDTA。

$$Zn^{2+} + H_2Y^{2-} \Longrightarrow ZnY^{2-} + 2H^+$$

要控制溶液的酸碱度为 pH 5～6，pH < 4 络合不完全，不能滴定，pH = 7，则生成 $Al(OH)_3$ 沉淀，控制酸度可用 HAc – NaAc 缓冲溶液或六次甲基四胺（乌络托品）。常用二甲酚橙（XO）为指示剂，二甲酚橙在 pH 小于 6.3 时呈黄色，pH 大于 6.3 时呈红色，Zn^{2+} 与二甲酚橙的络合物呈紫红色，所以溶液的酸度要控制在 pH 小于 6.3，终点时的变化为：

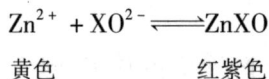

$$Zn^{2+} + XO^{2-} \Longrightarrow ZnXO$$
$$\text{黄色} \qquad\qquad \text{红紫色}$$

【实验材料】

仪器：酸式滴定管（50ml）、台秤、容量瓶（100ml）、锥形瓶（250ml）、量筒；移液管（20ml、25ml）；滴管、水浴锅、药勺等。

试剂：硫酸锌固体、明矾样品、稀盐酸、甲基红指示剂（1∶4000）、氨试液、$NH_3 \cdot H_2O – NH_4Cl$ 缓冲溶液、六次甲基四胺（或 HAc – NaAc 缓冲溶液）、蒸馏水、铬黑 T 指示剂、乙二胺四乙酸二钠盐、二甲酚橙。

【实验内容】

1. EDTA 溶液（0.05mol/L）的配制　取 $EDTA – 2Na \cdot 2H_2O$ 约 9.5g，加 100ml 蒸馏水温热使之溶解，稀释至 500ml，摇匀，贮存于聚乙烯瓶中。

2. EDTA 溶液（0.05mol/L）的标定　精密称取已在 800℃ 灼烧至恒重的基准物 ZnO 约 0.6g，加稀 HCl 10ml 使之溶解，定量转移至 100ml 容量瓶中，加蒸馏水至刻度，摇匀；取上述溶液 20ml，加 25ml 蒸馏水和甲基红指示剂 1 滴，滴加氨试液至溶液呈微黄色（如出现沉淀纯属正常）。再加蒸馏水 25ml，$NH_3 \cdot H_2O – NH_3Cl$ 缓冲溶液 10ml 和铬黑 T 指示剂适量，用 EDTA 溶液滴定至溶液由紫红色变为纯蓝色即为滴定终点

（三次平行测定）。用下式计算 EDTA 标准溶液的浓度（$M_{ZnO} = 81.38$）

$$c_{EDTA} = \frac{m_{ZnO} \times \dfrac{20.00}{100.00} \times 1000}{V_{EDTA} \times M_{ZnO}} \qquad M_{ZnO} = 81.39 g/mol$$

3. 0.05mol/L ZnSO₄ 标准溶液的配制　取固体硫酸锌 7.5g，加稀盐酸 10ml 与适量的蒸馏水溶解成 500ml，摇匀即得。

4. 0.05mol/L ZnSO₄ 标准溶液的标定　精密量取 20.00ml 上述溶液，于锥形瓶中，加甲基红指示剂 1 滴，滴加氨试液至溶液显为微黄色，加蒸馏水 25ml，加 $NH_3 \cdot H_2O -$ NH_4Cl 缓冲溶液（pH ≈ 10）10ml，铬黑 T 指示剂少许，用 0.05mol/L EDTA 标准溶液滴定，当溶液的颜色刚好由紫红色变为纯蓝色时停止滴定。即为终点。记录消耗 0.05mol/L DETA 标准溶液的体积 V_{EDTA}，平行测定三次，结果取平均值。

$$c_{ZnSO_4} = \frac{c_{EDTA} \cdot V_{EDTA}}{V_{ZnSO_4}}$$

5. 明矾的含量测定　精密称取明矾样品约 2.4g，于一个 50ml 的烧杯中，用适量的水溶解，转移至 250ml 容量瓶中，稀释至刻线，摇匀，用移液管吸取 25ml，于 250ml 锥形瓶中，精密加入 0.05mol/L EDTA 标准溶液 25.00ml 在沸水浴中加热 10min（或中高火微波 5min），冷至室温后，加蒸馏水 100ml，乌络托品 5g（或 HAc – NaAc 缓冲溶液 10ml），10 滴二甲酚橙指示剂，再用 0.05mol/L ZnSO₄ 标准溶液滴定，当溶液的颜色刚好由黄色变为橙色时，停止滴定并记录消耗标准溶液的体积，平行测定三次，按下式计算得明矾含量值，取平均值作为实验结果。

$$w_{KAl(SO_4)_2 \cdot 12H_2O}\% = \frac{\left[c_{EDTA} \times V_{EDTA} - c_{ZnSO_4} \times V_{ZnSO_4} \right] \times M_{KAl(SO_4)_2 \cdot 12H_2O}}{1000 \times m_S \times \dfrac{25.00}{250.00}} \times 100\%$$

【注意事项】

1. 样品溶于蒸馏水后，会慢慢水解至混浊，在加入过量的 EDTA 标准溶液加热后，即可溶解，不影响测定。

2. 加热促进 Al^{3+} 与 EDTA 的络合反应速度，一般在沸水浴中加热 3min 络合程度可达 99%，为了使反应完全，加热 10min。

3. 在 pH < 6 时，游离二甲酚橙呈黄色，滴定至稍微过量时，Zn^{2+} 与部分二甲酚橙络合成红紫色，黄色与红紫色组成橙色，故滴定至橙色即为终点。

【思考题】

1. 用 EDTA 测定铝盐含量，为什么用间接法进行？允许的最低 pH 为多少？

2. 能用铬黑 T 为指示剂吗？

【相关实验】

[1] 赵怀清. 葡萄糖酸锌的含量测定 [M]. 分析化学实验指导. 北京：人民卫生出版社，2011.

［2］黄杉生. 铝合金中铝含量的测定［M］. 分析化学实验. 北京：科学出版社，2008.

（高金波）

实验十七　混合物中钙和镁的含量测定

【实验目的和要求】

1. 掌握配位滴定测定试样中各组分的原理及方法。

2. 熟悉钙指示剂的原理及使用条件。

3. 了解由调节酸度提高配位滴定选择性的原理。

【实验原理】

测定混合物中钙、镁离子的含量时，可先往溶液中加入掩蔽剂三乙醇胺，消去溶液中可能存在的 Al^{3+}、Fe^{3+} 等干扰离子影响，再通过调节溶液的酸度对它们的含量进行测定。当溶液的 $pH \approx 10$ 时，以铬黑 T 为指示剂，用 EDTA 标准溶液滴定 Ca^{2+} 和 Mg^{2+} 总量，终点颜色为蓝色。当溶液的 pH 在 $12 \sim 13$ 时，Mg^{2+} 生成 $Mg(OH)_2$ 沉淀，用 EDTA 可以单独滴定 Ca^{2+}。在 pH $12 \sim 13$ 时钙指示剂与 Ca^{2+} 形成稳定的粉红色配合物，而游离指示剂为蓝色，故终点颜色为蓝色。反应式如下：

pH = 10 时

$$滴定前：\quad Mg^{2+} + HIn^{2-} \rightleftharpoons MgIn^- + H^+$$

$$Ca^{2+} + HIn^{2-} \rightleftharpoons CaIn^- + H^+$$

$$滴定中：\quad Mg^{2+} + H_2Y^{2-} \rightleftharpoons MgY^{2-} + 2H^+$$

$$Ca^{2+} + H_2Y^{2-} \rightleftharpoons CaY^{2-} + 2H^+$$

$$滴定终点：\quad MgIn^- + H_2Y^{2-} \rightleftharpoons MgY^- + HIn^{2-} + H^+$$

pH = 12 ~ 13 时

$$滴定前：\quad Mg^{2+} + 2OH^- \rightleftharpoons Mg(OH)_2\downarrow$$

$$Ca^{2+} + HIn^{2-} \rightleftharpoons CaIn^- + H^+$$

$$滴定中：\quad Ca^{2+} + H_2Y^{2-} \rightleftharpoons CaY^{2-} + 2H^+$$

$$滴定终点：\quad CaIn^- + H_2Y^{2-} \rightleftharpoons CaY^{2-} + HIn^{2-} + H^+$$

【实验材料】

仪器：锥形瓶（250ml），滴定管（50ml）；量筒（10ml，100ml）等。

试剂：钙盐、镁盐、二乙胺、钙指示剂、EDTA 标准溶液（0.05mol/L），$NH_3 \cdot H_2O - NH_4Cl$ 缓冲液（pH = 10.0），铬黑 T 指示剂，2% 蔗糖溶液。

附：钙指示剂的配制：按 0.5% 乙醇溶液或钙指示剂:NaCl（固）= 1:100。

【实验内容】

1. 钙的测定　精密称取适量的可溶性镁盐及钙盐混合试样 1.2g，充分溶解后，用

250ml 的容量瓶定容至刻度线。精密吸取样液 20ml，加水 25ml，2% 蔗糖溶液 2ml，二乙胺 3ml，调节 pH = 12～13，再加入钙指示剂 1ml，用 EDTA 标准溶液（0.05mol/L）滴定溶液由粉红色变为纯蓝色即为终点，消耗体积为 V_1：

按下式计算 Ca 的百分含量（M_{Ca} = 40.08）

$$w_{Ca}\% = \frac{c_{EDTA}V_1M_{Ca}}{1000 \times m_S \times \dfrac{20.00}{250.00}} \times 100$$

2. 镁的测定 精密吸取上述样液 20ml，加水 25ml，$NH_3 \cdot H_2O - NH_4Cl$ 缓冲液 10ml，铬黑 T 指示剂 2 滴，用 EDTA 标准溶液（0.05mol/L）滴定至溶液由紫红色变为纯蓝色即为终点，消耗体积为 V_2。

按下式计算 Mg 的百分含量（M_{Mg} = 24.31g/mol）：

$$w_{Mg}\% = \frac{c_{EDTA}(V_2 - V_1)M_{Mg}}{1000 \times m_S \times \dfrac{20.00}{250.00}} \times 100$$

【注意事项】

1. 二乙胺用量要适当，如果 pH < 12，则 Mg（OH）$_2$ 沉淀不完全；而 pH > 13 时，钙指示剂在终点变化不明显。

2. 由于滴定钙时有大量镁存在，调 pH≥12 时会有大量氢氧化镁沉淀，对 Ca^{2+} 有吸附作用，所以测钙时要先加少量 2% 蔗糖溶液，再加碱，可以减少沉淀对 Ca^{2+} 的吸附。

3. 在测定钙镁离子含量时，如果溶液中还有 Al^{3+}、Fe^{3+}、Cu^{2+} 等干扰离子存在时，应该加入适量的三乙醇胺，来消除干扰离子的干扰。

【思考题】

1. 在测定 Ca^{2+} 含量时，为什么需要加入一定量的 2% 的蔗糖溶液？

2. 测定 Ca^{2+}、Mg^{2+} 时分别加入二乙胺和氯性缓冲液，它们各起什么作用？能否用氨性缓冲液代替二乙胺？

3. 测定 Ca^{2+}、Mg^{2+} 时，如何消除 Al^{3+}、Fe^{3+}、Cu^{2+} 等干扰离子的干扰？

【相关实验】

[1] 中华人民共和国药典. 硫酸镁含量测定［S］. 2010：第二部.

[2] 雷丽红. 乳酸钙的含量测定［M］. 分析化学实验. 北京：中国医药科技出版社，2011.

[3] 黄杉生. EDTA 滴定法连续测定铋和铅［M］. 北京：分析化学实验. 科学出版社，2008.

（高赛男）

实验十八　0.02mol/L Na₂S₂O₃ 标准溶液的配制与标定（微型实验）

【实验目的和要求】

1. 掌握 $Na_2S_2O_3$ 标准溶液的配制方法和注意事项。

2. 熟悉使用碘量瓶和正确判断淀粉指示剂的终点。

3. 了解置换碘量法的过程。

【实验原理】

$Na_2S_2O_3$ 标准溶液通常用 $Na_2S_2O_3 \cdot 5H_2O$ 配制，由于 $Na_2S_2O_3$ 遇酸即迅速分解产生 S，配制时若水中含 CO_2 较多，pH 偏低，容易使配制的 $Na_2S_2O_3$ 变混浊。另外水中若有微生物，微生物也可以使 $Na_2S_2O_3$ 慢慢分解。因此，配制 $Na_2S_2O_3$ 通常用新煮沸放冷的蒸馏水，并先在水中加入少量的 Na_2CO_3，然后再把 $Na_2S_2O_3$ 溶于其中。

标定 $Na_2S_2O_3$ 可用 $KBrO_3$、KIO_3、$K_2Cr_2O_7$、$KMnO_4$ 等氧化剂，以 $K_2Cr_2O_7$ 用得最多。标定时采用置换滴定法，即让 $K_2Cr_2O_7$ 先与过量 KI 作用，再用欲标定的 $Na_2S_2O_3$ 溶液滴定析出的 I_2。第一步反应为：

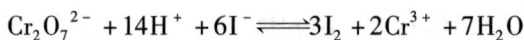

$$Cr_2O_7^{2-} + 14H^+ + 6I^- \Longleftrightarrow 3I_2 + 2Cr^{3+} + 7H_2O$$

在酸度较低时，此反应完成较慢，若酸性太强又有使 KI 被空气氧化成 I_2 的危险，因此，必须注意酸度的控制，并避光放置 10min，此反应才能定量完成，第二步反应为：

$$I_2 + 2S_2O_3^{2-} \Longleftrightarrow 2I^- + S_4O_6^{2-}$$

第一步析出的 I_2 用 $Na_2S_2O_3$ 溶液滴定，以淀粉溶液为指示剂。淀粉溶液在有 I^- 存在时能与 I_2 分子形成蓝色可溶性吸附化合物，使溶液呈蓝色。达到终点时，溶液中 I_2 全部与 $Na_2S_2O_3$ 作用，则蓝色消失。但开始 I_2 太多，被淀粉吸附的过牢，就不易完全被夺出，并且难以观察终点，因此必须在滴定至近终点时加入淀粉。

$Na_2S_2O_3$ 与 I_2 的反应只能在中性或弱酸性溶液中进行，因为在碱性溶液中会发生下面的副反应：

$$S_2O_3^{2-} + 4I^- + 10OH^- \Longleftrightarrow 2SO_4^{2-} + 8I^- + 5H_2O$$

而在酸性溶液中 $Na_2S_2O_3$ 又易分解：

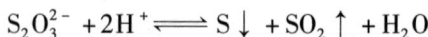

$$S_2O_3^{2-} + 2H^+ \Longleftrightarrow S\downarrow + SO_2\uparrow + H_2O$$

所以进行滴定以前溶液应先稀释，其目的：其一是降低酸度；其二是为使终点时溶液中的 Cr^{3+} 离子不致颜色太深，影响终点的观察。另外 KI 浓度不可过大，否则 I_2 与淀粉所显的颜色偏红紫，也不利于观察终点。

【实验材料】

仪器：电子天平、台秤、棕色酸式滴定管（50ml）、碘量瓶（250ml）、白色试剂瓶

(500ml)、小烧杯、量筒等。

试剂：固体 $K_2Cr_2O_7$（基准试剂）、KI（固体）Na_2CO_3（固体）、$Na_2S_2O_3 \cdot 5H_2O$（固体）、HCl（1:2）、淀粉指示剂、蒸馏水等。

附：0.5% 淀粉指示剂的配制

取可溶性淀粉 0.5g，加冷蒸馏水 10ml，搅拌后缓缓倾入 90ml 沸蒸馏水中，随加随搅，煮沸至呈半透明，本品应临用时新配，不能放置过久。

【实验内容】

1. 0.02mol/L $Na_2S_2O_3$ 标准溶液的配制 在 500ml 含有 0.2g Na_2CO_3 的新煮沸放冷的蒸馏水中加 2.5g $Na_2S_2O_3 \cdot 5H_2O$，使完全溶解，放置两周后再标定。

2. 0.02mol/L $Na_2S_2O_3$ 标准溶液的标定 ①取在 120℃ 干燥至恒重的基准物 $K_2Cr_2O_7$ 0.22g，精密称定后，置于小烧杯中。②加少量蒸馏水溶解后，完全转移至 250ml 的容量瓶中，并稀释至刻度线。③移取此溶液 25.00ml 于碘量瓶中，加固体 KI 0.6g，轻轻振摇使其溶解，加 1:2 HCl 溶液 2ml，密塞，摇匀，封水，在暗处放置 10min。④加蒸馏水 25ml 稀释，用 $Na_2S_2O_3$ 标准溶液滴定至近终点，加淀粉指示剂 1ml，继续用 $Na_2S_2O_3$ 标准溶液滴定至终点（蓝色消失）。平行标定三次，相对偏差不能超过 0.2%，计算 $Na_2S_2O_3$ 的浓度，结果取平均值。

3. 结果计算
$$c_{Na_2S_2O_3} = \frac{m_{K_2Cr_2O_7} \times \dfrac{25.00}{250.00}}{V_{Na_2S_2O_3} \times \dfrac{M_{K_2Cr_2O_7}}{6000}} \qquad (M_{K_2Cr_2O_7} = 294.20g/mol)$$

【注意事项】

1. $K_2Cr_2O_7$ 与 KI 反应进行较慢，在稀溶液里尤其慢，故在加水稀释前，应放置 10min，使反应完全。

2. 滴定前要稀释，Cr^{3+} 浓度较大时（绿色太深）不易观察终点。

3. 酸度对滴定很有影响，操作时应注意控制。

4. KI 要过量，但不能超过 2% ~ 4%，因为 I^- 太浓，淀粉指示剂的颜色转变不灵敏。

5. 终点有回蓝现象，如果不是很快回蓝，可认为是由于空气中氧的氧化作用造成的，不影响结果；如果很快变蓝，说明 $K_2Cr_2O_7$ 和 KI 反应不完全。

【思考题】

1. 用 $K_2Cr_2O_7$ 标定 $Na_2S_2O_3$ 溶液时为什么要在暗处放置 10min？滴定前为什么要稀释？

2. 配制 $Na_2S_2O_3$ 溶液时为什么加 Na_2CO_3？为什么用新煮沸放冷的蒸馏水？

3. 为什么在滴定至近终点时才加入淀粉指示剂？过早加入会出现什么现象？

4. $K_2Cr_2O_7$ 和 $Na_2S_2O_3$ 反应的化学反应比是多少？

（王 莹）

实验十九　0.01mol/L I$_2$标准溶液的
配制与标定（微型实验）

【实验目的和要求】

1. 掌握碘标准溶液的配制方法和注意事项。
2. 熟悉直接碘量法的操作过程。
3. 了解淀粉指示剂的使用原理及注意事项。

【实验原理】

碘在水中的溶解度很小（0.02g/100ml），但有大量 KI 存在时，I$_2$与 KI 形成可溶性的 I$_3^-$络离子，这样既增大了 I$_2$的溶解度又降低了 I$_2$的挥发性，所以配制碘标准溶液时都要加入过量 KI。

另外，在配制 I$_2$标准溶液时，还要加入少许盐酸，其目的：一是因为在配制 Na$_2$S$_2$O$_3$时加入了少量 NaHCO$_3$，为使将来滴定时反应不致在碱性环境中进行而加入一些盐酸以中和 NaHCO$_3$。二是加入少量盐酸是为了消除碘化钾中可能存在的少量 KIO$_3$，以免 KIO$_3$对测定有影响。因为 KIO$_3$与 KI 作用在酸性介质中生成 I$_2$。

用 Na$_2$S$_2$O$_3$标准溶液标定 I$_2$，以淀粉溶液为指示剂。淀粉溶液在有 I$^-$存在时能与 I$_2$分子形成可溶性吸附化合物，使溶液呈蓝色。达到终点时，溶液中的 I$_2$全部与 Na$_2$S$_2$O$_3$作用，则蓝色消失。但开始 I$_2$太多，被淀粉吸附的十分牢固，就不易被 Na$_2$S$_2$O$_3$完全夺出，并且难以观察终点，因此必须在滴定至近终点时加入淀粉。

用 Na$_2$S$_2$O$_3$标准溶液标定 I$_2$标准溶液时，

$$I_2 + 2S_2O_3^{2-} \rightleftharpoons 2I^- + S_4O_6^{2-}$$

可根据 $c_{I_2} = \dfrac{c_{Na_2S_2O_3} V_{Na_2S_2O_3}}{2V_{I_2}}$ 求得。

Na$_2$S$_2$O$_3$与 I$_2$的反应只能在中性或弱酸性溶液中进行，因为在碱性溶液中会发生下面的副反应：

$$S_2O_3^{2-} + 4I^- + 10OH^- \rightleftharpoons 2SO_4^{2-} + 8I^- + 5H_2O$$

而在酸性溶液中 Na$_2$S$_2$O$_3$又易分解：

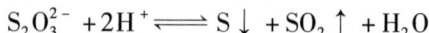

$$S_2O_3^{2-} + 2H^+ \rightleftharpoons S\downarrow + SO_2\uparrow + H_2O$$

【实验材料】

仪器：电子天平、台秤、棕色酸式滴定管（50ml）、锥形瓶（250ml）、棕色试剂瓶（500ml）、小烧杯、量筒等。

试剂：固体碘、固体 KI、浓盐酸、1∶2 HCl、淀粉指示剂、固体 NaHCO$_3$、0.02mol/L Na$_2$S$_2$O$_3$标准溶液、蒸馏水等。

【实验内容】

1. I₂标准溶液的配制 取固体 I₂ 0.9g，加浓 KI（3g KI 溶于 2ml 蒸馏水中），溶解后，加浓盐酸 1 滴与蒸馏水 350ml，盛棕色试剂瓶中，摇匀，用垂熔玻璃滤器过滤。

2. I₂标准溶液的标定 准确量取 I₂ 溶液 20.00ml，于锥形瓶中，加蒸馏水 25ml 和 1∶2 HCl 溶液 2ml，用 0.02mol/L Na₂S₂O₃ 滴定，近终点时，加淀粉指示剂 1ml，继续滴定至终点（1 滴 Na₂S₂O₃标准溶液的滴入使蓝色刚好消失）。记录消耗 0.02mol/L Na₂S₂O₃ 体积。平行测定三次，计算 I₂标准溶液的浓度，结果取平均值。

【注意事项】

I₂必须完全溶解在浓 KI 溶液中，然后稀释。否则浓度不稳定。

【思考题】

1. 配制 I₂标准溶液时，为什么加浓 KI 溶液？将称得的 I₂ 和 KI 一起，加入一定体积的蒸馏水中可不可以？为什么？

2. 用 Na₂S₂O₃标定 I₂时，淀粉指示剂为什么在近终点时加入？

（王　莹）

实验二十　维生素 C 原料药的含量测定（微型实验）

【实验目的和要求】

1. 掌握直接碘量法的滴定过程、原理及计算。

2. 进一步熟悉碘量法操作。

3. 了解测定维生素 C 含量的方法。

【实验原理】

维生素 C 的结构如下：

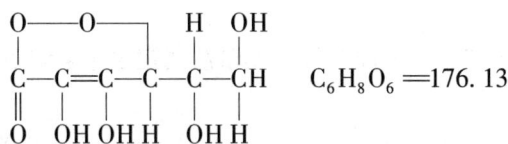

由于维生素 C 分子中含有多个—OH，所以具有一定的还原性，可被 I₂直接氧化。氧化反应在稀酸溶液中进行，维生素 C 分子中的二烯醇基被 I₂氧化成二酮基。

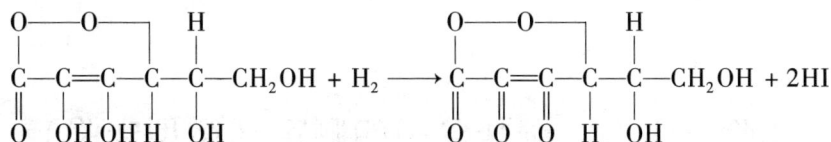

此反应进行得很完全，不必加碱即可使反应向右进行。相反，由于维生素 C 的还原性相当强，易被空气氧化，特别是在碱性溶液中更易被氧化，所以加稀 HAc 使它保持在酸性溶液中，以减少副反应。

【实验材料】

仪器：电子天平、台秤、棕色酸式滴定管（50ml）、碘量瓶（250ml）、滴管、量筒等。

试剂：维生素 C（固体）、0.01mol/L I_2 标准溶液（按实验十九方法标定）、稀 HAc（36%～37% g/g）、0.5% 淀粉指示剂。

【实验内容】

在电子天平上精密称取维生素 C 0.2g 于小烧杯中，加入 10ml 稀 HAc（36%～37% g/g），溶解后，完全转移至 100ml 容量瓶中，用蒸馏水稀释至刻度线。移取该溶液 20.00ml 于锥形瓶中，加淀粉指示剂 1ml，再加入蒸馏水 20ml。立即用 0.01mol/L 的 I_2 标准溶液进行滴定，当溶液的颜色刚好由无色变为蓝色并持续不褪时即为终点。记录消耗标准溶液的体积，计算。此操作平行测定三次，取平均值作为分析结果。

$$计算公式： V_c\% = \frac{(c \times V)_{I_2} \times M_{Vc}}{1000 \times m_{样品} \times \frac{20.00}{100.00}} \qquad (M_{Vc} = 176.13 g/mol)$$

【注意事项】

1. 溶解维生素 C 用的蒸馏水，必须先加入 HAc 后，再加入维生素 C 中，否则维生素 C 将有一部分被氧化。

2. 蒸馏水事先煮沸放冷，以除去其中的 CO_2、O_2 等易将维生素 C 氧化的物质。

【思考题】

1. 为什么维生素 C 含量可以用碘量法测定？

2. 如果需要应如何干燥维生素 C 样品？

3. 溶解样品时为什么用新煮沸并放冷的蒸馏水？

4. 维生素 C 本身就是一个酸，为什么测定时还要加酸？

【相关实验】

[1] 梁秀丽，潘忠泉，王爱萍，等. 碘量法测定水中溶解氧 [J]，化学分析计量，2008，17（2）：54.

[2] 武汉大学化学与分子科学学院实验中心. 维生素 C 制剂及果蔬中抗坏血酸含量的碘量法测定滴定法 [J]. 分析化学实验（第二版）. 武汉：武汉大学出版社，2013.

（王　莹）

实验二十一　铜盐含量的测定（微型实验）

【实验目的和要求】

1. 掌握氧化还原法的间接滴定法中滴定生成物的原理和计算方法。

2. 熟悉碘量法的基本操作。

3. 了解利用氧化还原滴定法测定铜含量的方法。

【实验原理】

滴定碘法是间接碘量法中滴定生成物以测定未知物含量的方法。测定铜盐的方法是在醋酸酸性溶液中，利用过量的 KI 将铜还原成 Cu_2I_2。反应如下：

$$2Cu^{2+} + 4I^- \rightleftharpoons Cu_2I_2 \downarrow （米白色） + I_2 （棕色）$$

生成物 I_2 的量，取决于样品中 Cu^{2+} 的含量，即 1mol I_2 的量相当于 2mol Cu^{2+} 的量。析出的 I_2，以淀粉为指示剂，再用 $Na_2S_2O_3$ 滴定。反应如下：

$$I_2 + 2Na_2S_2O_3 \rightleftharpoons 2NaI + Na_2S_4O_6$$

从反应可知，2mol $Na_2S_2O_3$ 相当于 1mol I_2，因此即 1mol Cu^{2+} 相当于 1mol $Na_2S_2O_3$。由此可计算出铜的含量。计算公式：

$$w_{CuSO_4 \cdot 5H_2O}\% = \frac{c_{Na_2S_2O_3} \times V_{Na_2S_2O_3} \times \dfrac{M_{CuSO_4 \cdot 5H_2O}}{1000}}{m_S} \times 100\%$$

$$(M_{CuSO_4 \cdot 5H_2O} = 249.68 g/mol)$$

Cu^{2+} 与 I^- 的反应是可逆的，任何引起 Cu^{2+} 浓度减小或 Cu_2I_2 沉淀溶解度增加的因素均使反应不完全。为促使 Cu^{2+} 能定量沉淀，需加入过量 KI。

溶液的酸度对测定结果有影响。如酸度过低，由于 Cu^{2+} 的水解会使结果偏低。而且酸度低时反应速度较慢，还会使终点拖长；如酸度过高，则 I^- 被空气氧化为 I_2（Cu^{2+} 能催化此反应），这将使测定结果偏高。

溶液的酸化用 H_2SO_4 或 HAc 为宜。用 HCl 时易形成配离子不利于测定，但少量 HCl 不干扰。

由于 Cu_2I_2 沉淀能吸附 I_2，故通常在临近终点时加入 KSCN，使沉淀表面形成一层 CuSCN，并将吸附的 I_2 释放出来，以免测定结果偏低。不过 KSCN 不要加入过早，以防其直接与 Cu^{2+} 作用。

$$6Cu^{2+} + 7SCN^- + 4H_2O \rightleftharpoons 6CuSCN \downarrow + SO_4^{2-} + HCN + 7H^+$$

矿石或合金中的铜也可用碘量法测定，但须设法防止其他氧化 I^- 的物质的干扰。

【实验材料】

仪器：电子天平、台秤、酸式滴定管（50ml）、碘量瓶（250ml）、滴管、量筒等。

试剂：$CuSO_4 \cdot 5H_2O$（固体）、醋酸（36%～37% g/g）、固体 KI、0.5% 淀粉指示剂、0.02mol/L $Na_2S_2O_3$ 标准溶液（按实验十八方法标定）、蒸馏水、10% KSCN 溶液。

【实验内容】

精密称取 $CuSO_4 \cdot 5H_2O$（固体）约 0.1g，置碘量瓶中，加蒸馏水 25ml，溶解后，加醋酸（36%～37% g/g）4ml，0.6g 固体 KI，用 0.02mol/L $Na_2S_2O_3$ 标准溶液进行滴定，滴定至近终点时，加 0.5% 淀粉指示剂 1ml，继续滴定至溶液的蓝色刚好消失时，即为终点。记录消耗标准溶液的体积，平行三次测定。计算 $CuSO_4 \cdot 5H_2O$ 的含量，以平均值作为分析结果。

若在临近终点前加入 KSCN，固体 KI 的加入量可减少至 0.6g，其余操作同上。在加入淀粉溶液后滴至浅蓝，即可加入 7~8ml 10% KSCN 溶液，振摇后滴至蓝色消失为止。

【注意事项】

1. 因为 Cu_2I_2 为白色沉淀对生成 I_2 分子有吸附作用临近终点时，要充分振摇，以溶液中蓝颜色消失为准，溶液为白色沉淀混悬液。

2. 操作中应注意碘的挥发损失。

【思考题】

1. 根据标准电极电位 $\varphi^\circ_{Cu^{2+}/Cu^+} = 0.158V$，$\varphi^\circ_{I_2/2I^-} = +0.535V$，$Cu^{2+}$ 不能氧化 I^-，但本实验为什么可用间接法测定铜盐的含量？

2. 下述反应中并无 H^+ 参加：

$$2Cu^{2+} + 4I^- \Longrightarrow Cu_2I_2 \downarrow + I_2$$

为什么测时要控制溶液的酸度？酸度过高或低对测定结果可能产生什么影响？

3. 实验中为什么必须加入过量 KI？KI 在反应中起哪些作用？加入 KI 后为什么要立即用 $Na_2S_2O_3$ 标准溶液滴定？

【相关实验】

[1] 赵怀清. 葡萄糖的测定 [M]. 分析化学实验指导. 北京：人民卫生出版社，2011.

[2] 马忠革. 间接碘量法测定铜合金中铜含量 [M]. 分析化学实验. 北京：清华大学出版社，2011.

[3] 武汉大学. 漂白粉中有效氯的含量测定 [M]. 武汉：武汉大学出版社，2009.

（王　莹）

实验二十二　0.02mol/L KMnO₄ 标准溶液的配制与标定

【实验目的和要求】

1. 掌握 KMnO₄ 标准溶液的配制方法和标定原理。

2. 熟悉温度、滴定速率等对滴定分析的影响。

【实验原理】

市售 KMnO₄ 中常含少量 MnO_2、硫酸盐、氯化物等杂质，MnO_2 混在里面起催化剂作用，使 KMnO₄ 逐渐分解，所以必须过滤除去。蒸馏水也含有微量还原性物质，光照也促使 KMnO₄ 逐渐分解。因此，KMnO₄ 不能用直接法配制。

常用 $Na_2C_2O_4$ 在酸性条件下标定 KMnO₄ 溶液，溶液的酸度要保持在 1~2mol/L。

反应方程式为：$2MnO_4^- + 5C_2O_4^{2-} + 16H^+ \rightleftharpoons 2Mn^{2+} + 10CO_2 + 8H_2O$

计算式为：

$$c_{KMnO_4} = \frac{m_{Na_2C_2O_4}}{V_{KMnO_4} \times \dfrac{M_{Na_2C_2O_4}}{1000} \times \dfrac{5}{2}}$$

其中 $M_{Na_2C_2O_4} = 134.0$。注意：采用方法 1 实验时，$Na_2C_2O_4$ 的质量是称量质量的 1/10。

【实验材料】

仪器：分析天平、锥形瓶（250ml）、棕色滴定管（50ml）、烧杯（250ml）、容量瓶（250ml）、移液管（25ml）、移液管（2ml）；量筒（5ml，25ml，100ml）。

试剂：$KMnO_4$（固体）、$Na_2C_2O_2$（基准试剂）、H_2O_2（3%）、浓硫酸、$FeSO_4 \cdot 7H_2O$。

【实验内容】

1. 0.02mol/L KMnO₄标准溶液的配制　在台秤上称取 $KMnO_4$ 3.3～3.5g，溶于 1000ml 新煮沸过并且放冷的蒸馏水中，混匀，置棕色具有瓶塞的玻璃瓶内，于暗处放置 7～10 天，用垂熔玻璃漏斗过滤，存于另一棕色具塞的玻璃瓶中，备用。

2. 0.02mol/L KMnO₄标准溶液的标定　精密称取于 105℃ 干燥至恒重的 $Na_2C_2O_4$基准物约 0.14～0.16g，置 250ml 锥形瓶中，加新蒸馏水 100ml 与浓硫酸 5ml，旋摇使溶解。趁热迅速自滴定管中加入 0.02mol/L $KMnO_4$ 溶液约 15ml，待 $KMnO_4$ 褪色后，再加热至 65℃（器壁开始凝结成大水珠，有少量蒸气冒出），立刻继续用 $KMnO_4$ 滴定至溶液显浅粉红色并保持 30s 不褪（注意：当滴定终点时，溶液的温度不应低于 55℃），平行测定三次。

3. 数据记录与处理

	$m_{Na_2C_2O_2}$（g）	V_{KMnO_4}（ml）	c_{KMnO_4}（mol/L）	$c_{KMnO_4(平)}$（mol/L）	RSD%
1					
2					
3					

【注意事项】

1. 温度　在室温下，$Na_2C_2O_4$ 与 $KMnO_4$ 的反应较慢，常需将溶液加热至 75～85℃，并趁热滴定，但加热温度不宜过高，否则草酸分解。

2. 酸度　该反应需在酸性介质中进行，通常用硫酸控制酸度。

3. 滴定速率　该反应为自动催化反应，Mn^{2+} 对反应有催化作用。因此滴定开始时不宜太快，应逐滴加入，否则加入的 $KMnO_4$ 溶液来不及与 $C_2O_4^{2-}$ 反应，就在热的酸性溶液中分解，导致结果偏低。

【思考题】

1. 为什么用硫酸使溶液呈酸性？能不能用盐酸或硝酸？

2. 用 $KMnO_4$ 滴定时滴定速率应如何控制？为什么？

3. 配制 $KMnO_4$ 标准溶液，应注意哪些问题？为什么？所用的水为什么要新煮沸过并且放冷的蒸馏水？

（倪丹蓉）

实验二十三　过氧化氢的含量测定

【实验目的和要求】

1. 掌握用 $KMnO_4$ 标准溶液测定酸性溶液中能还原 $KMnO_4$ 的 H_2O_2 含量的方法。

2. 熟悉液体样品的取样方法和计算。

【实验原理】

在酸性溶液中 H_2O_2 遇氧化性比它强的 $KMnO_4$，则按下式被氧化：

$$2MnO_4^- + 5H_2O_2 + 6H^+ \rightleftharpoons 2Mn^{2+} + 5O_2 + 8H_2O$$

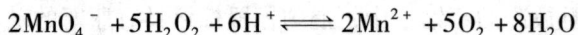

滴定开始时，反应较慢，待有少量 Mn^{2+} 生成后，反应速度加快，滴定速度才可适当加快。计算公式：

$$w_{H_2O_2}\% = \frac{c_{KMnO_4} \times V_{KMnO_4} \times \dfrac{M_{H_2O_2}}{1000} \times \dfrac{5}{2}}{m_{H_2O_2} \times \dfrac{10.00}{100.00}} \times 100 \quad （g/100ml） \qquad （30\%样品）$$

$$\rho_{H_2O_2}\% = \frac{c_{KMnO_4} \times V_{KMnO_4} \times \dfrac{M_{H_2O_2}}{1000} \times \dfrac{5}{2}}{V_{H_2O_2}} \times 100 \quad （g/100ml） \qquad （3\%样品）$$

市售的 H_2O_2 中常含有少量的乙酰苯胺或脲素等作为稳定剂，它们也有还原性，妨碍测定。在这种情况下，以采用碘量法为宜。

【实验材料】

仪器：棕色酸式滴定管（50ml）、锥形瓶（250ml）、烧杯、移液管、搅拌棒、量筒。

试剂：0.02mol/L $KMnO_4$ 标准溶液（按实验二十二方法配制与标定）、H_2O_2（30%，3%）、1mol/L H_2SO_4 溶液。

【实验内容】

1. 30% H_2O_2 样品　精密量取样品 1.00ml（注意不可吸入口内），置于储有 5ml 蒸馏水并称定重量带磨口塞的小锥形瓶中，精密称重，然后定量地转移至 100ml 容量瓶中，加水稀释至刻度，摇匀，精密吸取 10ml，置 250ml 锥形瓶中，加 1mol/L H_2SO_4 20ml 后，用 0.02mol/L $KMnO_4$ 标准溶液滴定至刚好显微红色即达终点。计算，平行测定三次。

2. 3% H_2O_2 样品　精密量取样品 1.00ml，置储有蒸馏水 20ml 的锥形瓶中，加

1mol/L H_2SO_4 20ml 后，用 0.02mol/L $KMnO_4$ 标准溶液滴定至终点（即溶液刚好由无色转变为微红色）。计算，平行测定三次。

【注意事项】

1. H_2O_2 容易分解放出 O_2，所以应将 H_2O_2 放入储有蒸馏水的容器中。

2. H_2O_2 与 $KMnO_4$ 反应速度很慢，所以开始时加入 $KMnO_4$ 的速度要慢，待反应产生 Mn^{2+} 离子后速度可逐渐加快，但始终不能太快．近终点时要逐滴加入。

【思考题】

1. 除 $KMnO_4$ 外，还有什么方法可以测定 H_2O_2？

2. 若用碘量法测定时应怎样做？这种方法有什么优点？

3. 测定 H_2O_2 时可以采用加热的方式加快反应速度吗？

【相关实验】

［1］黄杉生．高锰酸钾间接滴定法测定补钙制剂中钙含量［M］．分析化学实验．北京：科学出版社，2008.

［2］黄杉生．水样中化学耗氧量 COD 的测定［M］．分析化学实验．北京：科学出版社，2008.

（倪丹蓉）

实验二十四 硫酸亚铁的含量测定

【实验目的和要求】

1. 掌握 $KMnO_4$ 法测定硫酸亚铁的原理和方法。

2. 熟悉自身指示剂指示终点的方法。

【实验原理】

在硫酸酸性溶液中，$KMnO_4$ 能将亚铁盐氧化成高铁盐，利用 $KMnO_4$ 自身作指示剂指示滴定终点。反应如下：

$$2KMnO_4 + 10FeSO_4 + 8H_2SO_4 \Longrightarrow 2MnO_2 + 5Fe_2(SO_4)_3 + K_2SO_4 + 8H_2O$$

溶液酸度对测定结果有较大影响，酸度低会析出二氧化锰。通常溶液酸度应控制在 0.5～1.0mol/L 范围。实验中为消除水中溶解氧的影响，应用新沸的冷蒸馏水溶解样品。为防止样品在空气中氧化，溶解后应立即进行滴定。

【实验材料】

仪器：锥形瓶（250ml）、酸式滴定管（棕色，50ml）、量筒（20ml）、烧杯等。

试剂：$KMnO_4$ 标准溶液（0.02mol/L）、$FeSO_4 \cdot 7H_2O$（原料药）、H_2SO_4 溶液（2mol/L）。

【实验内容】

取本品约 0.5g，精密称定，置锥形瓶中，加 2mol/L H_2SO_4 溶液 15ml 使溶解，加新沸的冷蒸馏水 15ml，立即用 $KMnO_4$ 标准溶液（0.02mol/L）滴定至溶液显淡红色且 30s 不褪色即为终点。按下式计算 $FeSO_4 \cdot 7H_2O$ 的含量（$M_{FeSO_4 \cdot 7H_2O} = 278.01 g/mol$）。

$$w_{FeSO_4 \cdot 7H_2O}\% = \frac{5c_{KMnO_4} \times V_{KMnO_4} M_{FeSO_4 \cdot 7H_2O}}{m_S \times 1000} \times 100$$

【注意事项】

1. 注意反应酸度，应先用 H_2SO_4 溶液溶解样品后，再加水稀释。

2. 反应开始时，速度较慢，必要时可先加入适量 Mn^{2+}，以增加反应速度。在酸性溶液中，Fe^{2+} 易被空气氧化，高温时更甚，故滴定宜稍快一些，且在常温下进行。

3. Fe^{3+} 呈黄色，对终点观察稍有妨碍。必要时可加入适量磷酸与 Fe^{3+} 反应生成无色的 $FeHPO_4^+$，并降低 $\varphi^{\theta'}_{Fe^{3+}/Fe^{2+}}$ 值，以利反应进行完全。

4. $KMnO_4$ 法只适用于测定硫酸亚铁原料药，不适于硫酸亚铁糖浆、片剂等药物制剂。因为 $KMnO_4$ 可将制剂中的糖浆、淀粉氧化，使测定结果偏高，应改用铈量法测定。在硫酸酸性（0.5～4mol/L）溶液中，Ce^{4+} 是强氧化剂，可将 Fe^{2+} 氧化成 Fe^{3+}，赋形剂无干扰。

5. 本实验也可用邻二氮菲为指示剂。滴定开始时，溶液中的 Fe^{2+} 与邻二氮菲结合为深红色配离子；终点时，指示剂中之 Fe^{2+} 被氧化成 Fe^{3+}，呈淡蓝色配离子。

【思考题】

1. $KMnO_4$ 法为什么用 H_2SO_4 控制溶液酸度，用 HCl 或 HNO_3 可以吗？

2. 写出铈量法测定药物制剂中硫酸亚铁的化学反应方程式。

【相关实验】

［1］黄杉生. 高锰酸钾间接滴定法测定补钙制剂中钙含量［M］. 分析化学实验. 北京：科学出版社，2008.

［2］黄世德. 水中化学耗氧量（COD）的测定［M］. 分析化学实验. 北京：中国中医药出版社，2005.

（倪丹蓉）

实验二十五　银量法标准溶液的配制与标定

【实验目的和要求】

1. 掌握吸附指示剂法（Fajan 法）的原理和方法。

2. 熟悉判断铁铵钒指示剂（Volhard 法）的滴定终点。

3. 了解用比较法标定标准溶液浓度的方法。

【实验原理】

含有氯化物的药物很多，在药典中常用银量法测定这些含有氯化物药物的含量。

$AgNO_3$ 标准溶液的标定，采用吸附指示剂法，为了让 AgCl 保持较强的吸附能力，应使沉淀保持胶体状态，为此，可将溶液适当稀释，并加入糊精溶液来保护胶体，这样，终点颜色变化明显。

用基准物质 NaCl 标定 $AgNO_3$ 溶液，以荧光黄为指示剂，终点时浑浊液由黄绿色变为微红色，其变化过程如下：

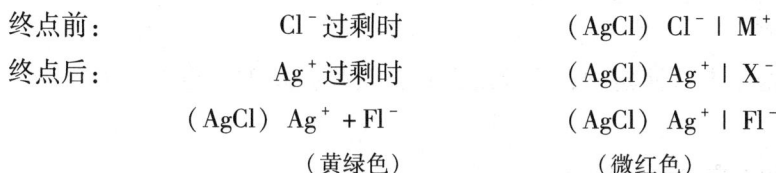

终点前：　　　　　　Cl^- 过剩时　　　　　　（AgCl）Cl^- | M^+

终点后：　　　　　　Ag^+ 过剩时　　　　　　（AgCl）Ag^+ | X^-

　　　　（AgCl）$Ag^+ + Fl^-$　　　　　　（AgCl）Ag^+ | Fl^-

　　　　　　（黄绿色）　　　　　　　　　　（微红色）

NH_4SCN 标准溶液的标定采用比较法。为防止指示剂 Fe^{3+} 的水解，应在酸性（HNO_3）溶液中进行滴定，其反应如下：

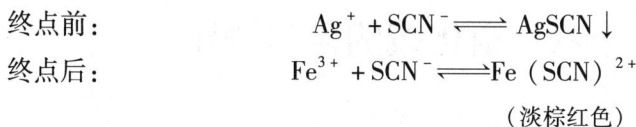

终点前：　　　　　　$Ag^+ + SCN^- \rightleftharpoons AgSCN \downarrow$

终点后：　　　　　　$Fe^{3+} + SCN^- \rightleftharpoons Fe(SCN)^{2+}$

　　　　　　　　　　　　　　　　　（淡棕红色）

【实验材料】

仪器：棕色酸式滴定管（50ml）、棕色试剂瓶（500ml）、烧杯（250ml）、称量瓶、锥形瓶、量筒等。

试剂：固体 $AgNO_3$、固体 NH_4SCN、NaCl（基准物质）、糊精、荧光黄指示剂、HNO_3（6mol/L）、铁铵矾指示剂、蒸馏水等。

【实验内容】

1. 0.02mol/L $AgNO_3$ 标准溶液的配制　取固体 $AgNO_3$ 0.9g，置 250ml 的烧杯中，加蒸馏水 100ml 使溶解，然后移入棕色试剂瓶中，加蒸馏水稀释至 250ml，充分摇匀，密塞。

2. 0.02mol/L $AgNO_3$ 标准溶液的标定　将基准物质 NaCl 事先装入称量瓶中，在 270℃ 干燥至恒重，然后在分析天平上精密称定 0.13g，置于锥形瓶中，加少量的蒸馏水使其溶解，溶解后完全转移至 100ml 的容量瓶中，再用蒸馏水稀释至刻度，摇匀。移取该溶液 20.00ml 于锥形瓶中，再加糊精 5ml 与荧光黄指示剂 2 滴，用 0.02mol/L $AgNO_3$ 溶液滴定，当溶液刚好由黄绿色变为微红色时停止滴定，记录 V_{AgNO_3}。平行测定三次。

$$计算公式：c_{AgNO_3} = \frac{\frac{1}{5}m_{NaCl}}{V_{AgNO_3} \times \frac{M_{NaCl}}{1000}}$$

以三次结果的平均值作为 0.02mol/L $AgNO_3$ 溶液的准确浓度值，备用。

【注意事项】

1. 配制 $AgNO_3$ 溶液的蒸馏水应无 Cl^-，否则配成的 $AgNO_3$ 溶液出现白色浑浊，不能应用。

2. 光线能促进荧光黄对 AgCl 的分解作用，因此应避光或暗处滴定。

【思考题】

1. 用荧光黄为指示剂标定 AgNO₃ 溶液时，为什么要加入糊精溶液？

2. 按指示终点的方法不同，AgNO₃ 标准溶液标定有几种方法？并说明每种方法各在什么条件下进行？

3. 在铁铵矾指示剂法滴定中，为什么用铁铵矾作指示剂？能否用 Fe（NO₃）₃和 FeCl₃ 作指示剂？

4. 铁铵矾指示剂应如何配制？

（高金波）

实验二十六　氯化铵的含量测定

【实验目的和要求】

1. 掌握铬酸钾法的基本原理和操作。

2. 熟悉判断铬酸钾指示剂的滴定终点。

3. 了解铬酸钾法（Mohr）的应用。

【实验原理】

在 AgNO₃ 标准溶液的标定中，我们已经掌握了吸附指示剂法的操作，NH₄Cl 的测定采用 Mohr 法。是根据分步沉淀的原理进行的，溶解度小的 AgCl 先沉淀，溶解度大的 Ag₂CrO₄ 后沉淀。适当控制 K₂CrO₄ 指示剂浓度使在 AgCl 沉淀恰好完全后立即出现红色 Ag₂CrO₄ 沉淀，指示滴定终点的到达，其反应如下：

终点前：$$Ag^+ + Cl^- \rightleftharpoons AgCl \downarrow$$

终点后：$$2Ag^+ + CrO_4^{2-} \rightleftharpoons Ag_2CrO_4 \downarrow$$

结果计算：$$w_{NHCl_4}\% = \frac{c_{AgNO_3} \times V_{AgNO_3} \times \dfrac{M_{NHCl_4}}{1000}}{m_S \times \dfrac{25.00}{250.00}}$$

【实验材料】

仪器：棕色酸式滴定管（50ml）、称量瓶、锥形瓶（250ml）、量筒等。

试剂：0.1mol/L AgNO₃（已按实验二十五方法标定）、固体 NH₄Cl、铬酸钾指示剂、蒸馏水等。

【实验内容】

取固体 NH₄Cl 于称量瓶中，在分析天平上精密称取 NH₄Cl 约 0.2g，置一小烧杯中，加少量蒸馏水使其溶解，溶解后转移至 250ml 的容量瓶中，再用蒸馏水稀释至刻度，摇匀。

精密量取上述溶液 25.00ml 置锥形瓶中，加 5% 铬酸钾指示剂 10 滴，用 0.1mol/L AgNO₃ 溶液滴定，当混悬液的颜色刚好由白色变为砖红色时停止滴定，记录消耗 0.1mol/L AgNO₃ 的体积，平行测定三次。以平均值作为分析结果。

【注意事项】

1. K_2CrO_4 指示剂的用量应力求准确，目的是为了减少滴定误差。

2. 在滴定过程中须不断振摇，因为 AgCl 沉淀可吸附 Cl^-，被吸附 Cl^- 又较难和 Ag^+ 反应完全，如振摇不充分可使终点早出现。

3. 当形成的 Ag_2CrO_4 红色沉淀消失缓慢，且 AgCl 沉淀开始凝聚时，表示快到终点了，此时需逐滴加入 AgNO₃ 并用力振摇。

【思考题】

1. NH_4Cl 的测定能否用吸附指示剂法，为什么？

2. NH_4Cl 的测定能否用 Voihard 法，为什么？

【相关实验】

[1] 黄世德. 溴化钾的含量测定 [M]. 分析化学实验. 北京：中国中医药出版社，2005.

[2] 武汉大学. 莫尔法测定可溶性氯化物中氯含量. 分析化学实验 [M]. 北京：高等教育出版社，2011.

[3] 溴米那普鲁卡因注射液中溴米那的含量测定 [M]. 国家药品监督管理局国家药品标准. 2010.

（高金波）

实验二十七　胃舒平药片中 Al_2O_3 及 MgO 的含量测定（设计实验）

【实验目的和要求】

1. 掌握配位滴定法中返滴定法的应用。

2. 熟悉配位滴定法测定铝和镁的原理及应用。

3. 了解铬黑 T 指示剂的使用条件。

【实验原理】

胃舒平是一种中和胃酸的胃药，主要成分为氢氧化铝、三硅酸镁及少量颠茄流浸膏，在加工过程中，为了使药片成形，加入了大量的糊精。

药片中 Al^{3+} 和 Mg^{2+} 的含量可用配合滴定法测定。测定原理是先将样品溶解，分离弃去水的不溶物质。然后取一份试液，调节 pH = 4，加入过量的 EDTA 溶液，加热煮沸，使 Al^{3+} 与 EDTA 充分络合：

$$Al^{3+} + H_2Y^{2-} \rightleftharpoons AlY^- + 2H^+$$

冷却后调解 pH 约为 5，以二甲酚橙为指示剂，用 Zn^{2+} 的标准液返滴定过量 EDTA 而测定出 Al^{3+} 的含量。

另取一份溶液，调节 pH 为 8~9，使 Al^{3+} 生成 Al（OH）$_3$ 沉淀分离后，在调节 pH = 10，以铬黑 T 作为指示剂，用 EDTA 标准溶液滴定滤液中的 Mg^{2+}。

$$Mg^{2+} + H_2Y^{2-} \Longrightarrow MgY^{2-} + 2H^+$$

【实验材料】

仪器：电子天平、锥形瓶、量筒、烧杯、酸式滴定管、250ml 容量瓶、20ml 移液管等。

试剂：0.02mol/L EDTA 标准溶液、0.02mol/L Zn^{2+} 标准溶液、2g/L 二甲酚橙指示剂、200g/L 六亚甲基四胺溶液、HCl 溶液（1:1）、氨水溶液（1:1）、三乙醇胺溶液（1:2）、$NH_3 \cdot H_2O - NH_4Cl$ 缓冲溶液（pH = 10）、甲基红指示剂、铬黑 T 指示剂、NH_4Cl 固体。

【实验内容】

1. 样品处理　称取胃舒平药片 10 片，研细后，称取药粉 2g 左右，加入 1:1 HCl 溶液 20ml，加蒸馏水至 100ml，煮沸。冷却后过滤，并以水洗涤沉淀。收集滤液及洗涤液于 250ml 容量瓶中，稀释至刻度，摇匀。

2. 铝的测定　准确吸取上述试液 5.00ml，加水至 25ml 左右。滴加 1:1 NH_3 水至刚出现浑浊，再加 1:1 HCl 至沉淀恰好溶解。准确加入 0.02mol/L EDTA 溶液 25.00ml 左右，再加入 20% 六亚甲基四铵溶液 10ml，煮沸 1min 并冷却后，加入二甲酚橙指示剂 2~3 滴，以标准锌溶液滴定至溶液由黄色转变为红色为终点，平行 3 次。根据 EDTA 加入量与锌标准镕液滴定体积，计算每片药片中 Al_3O_2 的含量。

3. 镁的测定　吸取试液 25.00ml，滴加 1:1 NH_3 水至刚出现沉淀，再加入 1:1 的 HCl 至沉淀恰好溶解．加入固体 NH_4Cl 2g，滴加 20% 六次甲基四胺溶液至沉淀出现并过量 15ml。加热至 80℃，维持 10~15min。冷却后过滤，以少量蒸馏水洗涤沉淀数次。收集滤液与洗涤液于 250ml 锥形瓶中，加入三乙醇胺 10ml，氨性缓冲溶液 10ml 及甲基红指示剂 1 滴，铬黑 T 指示剂少许。用 EDTA 溶液滴定至试液由暗红色转变为蓝绿色为终点，平行 3 次。计算每片药片中 MgO 的含量。

【注意事项】

1. 胃舒平药片试样中铝镁含量可能不均匀，为使测定结果具有代表性，本实验取较多样品，研细后再取部分进行分析。

2. 用六次甲基四胺溶液调节 pH 分离 Al（OH）$_3$ 结果比用氨水好，可以减少 Al（OH）$_3$ 的吸附。

3. 测定镁时，加入一滴甲基红，能使终点更敏锐。

【思考题】

1. 测定铝离子为什么不采用直接滴定法？

2. 能否采用 F^- 掩蔽 Al^{3+} 离子,而直接测定 Mg^{2+}?

3. 在测定镁离子时,加入三乙醇胺的作用是什么?

【相关实验】

[1] 古凤才. 设计实验漂白粉中有效氯和总钙量的测定 [M]. 基础化学实验教程.
北京:科学出版社,2010.

[2] 赵怀清. 设计实验混合酸($HCl + H_3PO_4$)的测定 [M]. 分析化学实验指导.
北京:人民卫生出版社,2011.

[3] 郑永军,陈明玉,杨光等. 离子发射光谱法测定胃舒平中的镁和铝 [J]. 济
宁医学院学报,2005,8(3):236.

仪器分析实验 <<<

第一章 电化学分析法实验仪器

一、pHs-3C型酸度

（一）仪器外形

pHs-3C型pH计是一种精密数字显示pH计，它采用3位半十进制LED数字显示。适用于实验室取样测定水溶液的酸度（pH）和测量电极电位（mV值）。此外，还可配上适当的离子选择性电极，测定其他离子的浓度；还可作为电位滴定分析的终点显示器。其外形及面板功能见图3-1。

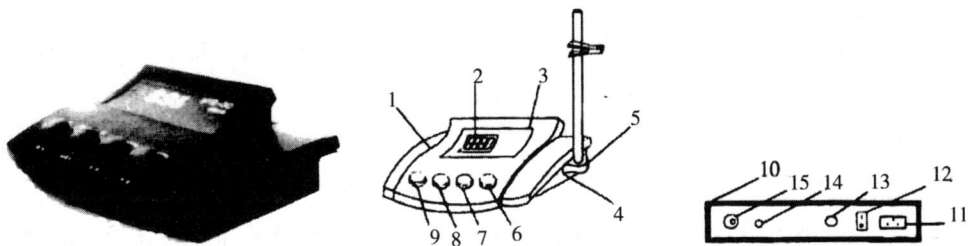

图3-1　pHs-3C酸度计的外形及面板功能

1. 机箱盖；2. 显示屏；3. 面板；4. 机箱底；5. 电极杆插座；6. 定位调节钮；7. 斜率补偿调节钮；

8. 温度补偿调节钮；9. 选择开关；10. 仪器后面板；11. 电源插座；12. 电源开关；13. 保险丝；

14. 参比电极插口；15. 测量电极插座

（二）工作原理

pHs-3C酸度计是利用pH电极和参比电极对被测溶液中不同的酸度会产生直流电位的原理。通过前置放大器输到A/D转换器，以达到pH数字显示目的。

（三）使用方法

1. 准备　拔下保护端子，安上复合电极，并将电极固定在电极杆上。打开仪器电源，预热30min以上。

2. 测试功能选择　将"选择开关"旋至"pH"位置，斜率调节器调至100%（最大）位置。

3. 温度调节　用温度计测试标准缓冲溶液的温度后，旋转"温度补偿调节钮"到该温度。

4. 定位　先将复合电极用蒸馏水冲洗干净，再用滤纸吸干表面水分，最后将复合电极插入到25℃下pH为6.86的标准缓冲溶液中。待酸度计屏幕上显示的数值不再变化后，旋转"定位"按钮至当前温度下该标准缓冲溶液所对应的 pH，冲洗干净复合电极。

5. 斜率校正 将复合电极插入到 25℃下 pH 为 4.00（若待测液显酸性，则用 25℃下 pH 为 4.00 的标准缓冲溶液；若待测液显碱性，则用 25℃下 pH 为 9.86 的标准缓冲溶液）的标准缓冲溶液中，待显示屏数据不再变化时，旋转"斜率校正"按钮至当前温度下标准缓冲溶液的 pH。

注：仪器定完位和校正完斜率后，不能再旋转"定位"和"斜率校正"按钮；待测液的酸碱性可用 pH 试纸初测。

6. 待测液 pH 测定 旋转"温度补偿调节钮"到待测液温度，冲洗干净的复合电极插入到待测液中，待显示屏幕数值不再变化时即得所测液 pH。

（四）注意事项

（1）如果被测信号超出仪器的测量范围或测量端开路时，显示部分发出闪光表示超载报警。

（2）标定时，尽可能用接近样品 pH 的标准缓冲溶液，且标定液的温度尽可能与样品的温度一致。

（3）将电极从一种溶液移入另一种溶液之前，应用蒸馏水清洗电极，用滤纸将水吸干。

（4）复合电极长时间不用时，应将电极插入装有电极保护液的电极帽内，以使电极球泡保持活性状态。

（5）玻璃电极不用时电极的球膜最好浸在蒸馏水中。但遇到下列情况之一，则仪器最好事先校准。

①溶液温度与调整时的温度有较大变化时；

②干燥过久的玻璃电极；

③更换新电极时；

④"定位"调节器有变动；或可能有变动时；

⑤测量过浓酸（pH < 2）或过浓碱（pH > 12）之后；

⑥测量过含有氟化物的溶液且酸度在 pH < 7 的溶液之后和较浓的有机溶液之后。

（杨　铭）

二、pHs－25 型酸度计

（一）仪器外形

pHs－25 型酸度计面板见图 3－2。

（二）工作原理

pH 计又称酸度计，是一种电化学测量仪器，除主要用于测量水溶液的酸度（即 pH）外，还可用于测量多种电极的电极电势。原理上主要是利用两支电极（指示电极与参比电极）在不同 pH 溶液中能产生不同的电动势（毫伏信号），经过一组转换器将

图 3 - 2　pHs - 25 型酸度计

其转变为电流，在微安计上以 pH 刻度值读出。

其中，指示电极的电极电势要随被测溶液的 pH 而变化，通常使用的是玻璃电极，而参比电极则要求与被测溶液的 pH 无关，通常使用甘汞电极。饱和 KCl 溶液的甘汞电极在 25℃时的电极电势为 0.2415V。目前的发展趋势是使用复合电极。

pHs - 25 型酸度计面板的主要使用控制钮为：定位调节器，调节它以补偿玻璃电极的不对称电势，转动此旋钮不要过分用力，以防止固定螺丝位置松动，影响准确度；温度补偿器用以补偿被测溶液的温度，通常指在室温，选择开关按钮：（pH - mV）选择仪器测定溶液 pH，还是测定电极电势（mV），若测定 pH，则开关转到 pH 位置；若测定 mV 值，则转到 mV 位置。

由于电极不对称电势的存在，用玻璃电极测定溶液的 pH 时一般采用比较法测定，就是先测一已知 pH 的标准缓冲溶液得到一读数，然后测未知溶液得到另一读数，这两读数之差就是两种溶液 pH 之差。由于其中一个是已知的，另一个未知的就不难算出来。为了方便起见，仪器上的定位调节器实际上就是用来抵消电极的不对称电势。当测量标准缓冲溶液时，利用这个定位调节器把指示电表指针调整到标准缓冲溶液的 pH 上，这样就使以后测量未知溶液时，指示电表指针的读数就是未知溶液的 pH，省去了计算手续。通常把前面一步称为"校准"，后面一步称为"测量"。一台已经校准过的 pH 计，在一定时间内可以连续测量许多未知液，但如果玻璃电极的稳定性还没有完全建立，经常校准还是必要的。

（三）使用方法

测量溶液 pH 的具体步骤如下。

1. 准备　仪器接通电源，预热 5min，并将玻璃电极和甘汞电极或复合电极接到仪器上，固定在电极夹中。

2. 校准

（1）把 pH – mV 开关转到 pH 位置。

（2）把温度补偿器旋钮转到被测溶液温度值上。

（3）按下"pH"键，斜率旋钮调至100%位置。

（4）将复合电极洗干净，并用滤纸吸干后将复合电极插入标准缓冲溶液中，温度旋钮调至标准溶液的温度，搅拌使溶液均匀。按下读数开关，调节定位旋钮使仪器指示值为该标准缓冲溶液的 pH。

（5）把电极从标准缓冲溶液中取出，用蒸馏水洗干净，并用滤纸吸干后，放入另一标准缓冲溶液中，按下读数开关，此时显示值应是当时溶液的温度下 pH，否则调节斜率旋钮使仪器指示值为该标准缓冲溶液的 pH，仪器标定结束。

3. 测量 将电极移出，用蒸馏水洗干净，并用滤纸吸干后，用被测溶液清洗一次，再将复合电极插入待测溶液中，搅拌使溶液均匀，显示屏显示数值即是该溶液的 pH。

（四）注意事项

（1）电源接通，数字乱跳：仪器输入端开路。应插上短路插或电极插头。

（2）当定位能调 pH = 6.86 但不能调到 pH = 4 时，电极失效，应更换电极。

（倪丹蓉）

三、ZYT –1 型自动永停滴定仪

（一）仪器外形

ZYT – 1 型自动永停滴定仪是按照《中国药典》关于永停滴定法的要求而设计的容量分析仪器，其外形结构示意图见图 3 – 3。

（二）工作原理

永停滴定法是将两支双铂电极球膜完全浸入到待测溶液中，根据电流的突然变化来确定滴定终点的一种分析方法。当在电极间加一低电压时，若电极在溶液中极化，则在未到滴定终点时，仅有微量或无电流通过；终点到达时，滴定液稍有过量，溶液中由于可逆电对的存在，电极去极化，产生电流，电流计指示针突然偏转，不再回复。反之，电极由去极化变为极化，电流计指针从偏转回到零点，也不再变动。

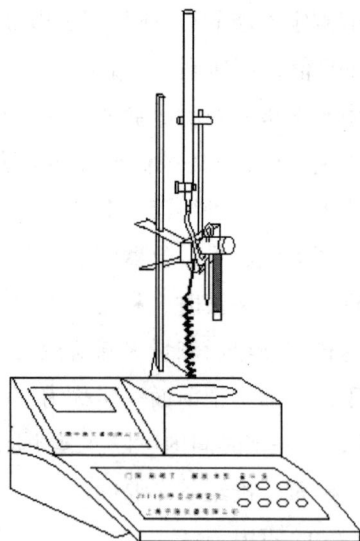

图 3 – 3　ZYT – 1 型自动永停滴定仪

（三）使用方法

（1）将滴定管、滴管及电极分别装入相应位置，按实验要求设置好"门限值"、"灵敏度"和"极化电压"。

（2）按"快滴"键，调节电磁阀螺丝，使标准液流下，赶走液路部分全部气泡。

（3）按"慢滴"键，同样调节电磁阀螺丝，使慢滴速度为每滴 0.02ml 左右。

（4）重新加满滴定管中的标准液，按"慢滴"键，使滴定管内标准液调节到零刻度。

（5）将被测样品的烧杯置本机搅拌器上，加入搅拌子，打开仪器右侧搅拌开关并调节搅拌速度电位器。使搅拌速度适中，再将电极、滴管下移，使电极铂片完全浸入被测溶液中（注：滴管下端不能浸入溶液中）。

（6）按"滴定开始"键，仪器开始自动滴定，快滴与慢滴自动交替进行，当电表指针超过门限值时停止滴定（若指针返回门限值以下转为慢滴，在慢滴期间电表指针仍不超过门限值时仪器自动转为快滴）。当仪器指针超过门限值 1 分 20 秒（±10 秒）仍不返回门限值以下时即为滴定终点，此时仪器终点指示灯亮，蜂鸣器响，仪器处于终点锁定状态。

（7）按"复零"键，记录滴定管的刻度读数，将电极、滴管移离液面并用蒸馏水冲洗干净。

（四）注意事项

（1）电极在使用过程中易钝化，导致电表指针反应迟钝，这样在滴定时可能过滴，所以电极在连续使用数次后应进行活化处理，具体方法为：将电极浸入清洗液中 30 ～ 60s，用蒸馏水冲洗干净即可。

（2）本仪器如长期不用，应将电磁阀中的硅胶管取出，并用蒸馏水冲洗干净，这样可延缓硅胶因老化而产生的粘连和断裂。

（3）发现液路不通，应检查电磁阀调节螺丝是否太紧，滴定管及滴液管是否堵塞。

（高赛男）

第二章 紫外－可见分光光度法仪器

一、721型分光光度计

（一）仪器外形

721型分光光度计是在72型分光光度计的基础上改进而成的可见光分光光度计，仪器各部件组装成一体，其外形结构如图3-4所示。主要用于波长范围为360~800nm的光吸收测量，且适宜于高吸光度的示差分析。

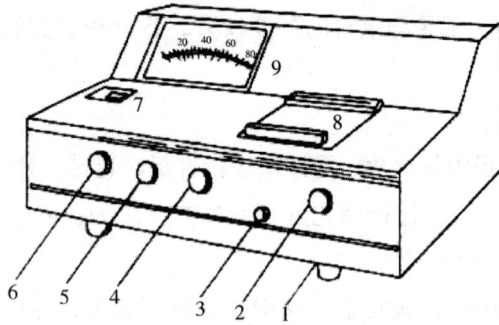

图3-4　721型分光光度计的外形

1. 仪器脚垫；2. 灵敏度钮；3. 比色池的拉杆；
4. 100%调节旋钮；5. 0%调节旋钮；6. 波长调节旋钮

（二）工作原理

仪器采用单光束自准式光路，其光学系统见图3-5。

光源采取12V、25W的钨丝灯。来自光源的连续辐射光经聚合和平面镜转角90°后，射至单色器的入射狭缝（狭缝正好位于准直镜的焦面上），入射光被准直镜转成平行光束并以最小偏向角射向棱镜（棱镜背面镀铝），在铝面上反射后依原路反射回来，棱镜随波长调节器的转动而相应的转动一个角度，可使所需波长光经准直镜反射并聚焦于出射狭缝上。出射狭缝与入射狭缝共轭，狭缝宽度固定不变。狭缝的两片刀口做好弧形状，近似地与光线通过棱镜后呈现的弯曲度吻合，以保证出射光的单色性。通过出色射狭缝的单色光经比色皿内溶液射到光电管上，产生光电流，经高阻值电阻形成电位降，经放大器放大后可直接在微安表上读出吸光度或透光率。光电管前设有一套光门部件，依靠光门板的重量自然下垂以及比色皿暗盒盖的关与开，通过杠杆作用使光门相应地开启或关闭。

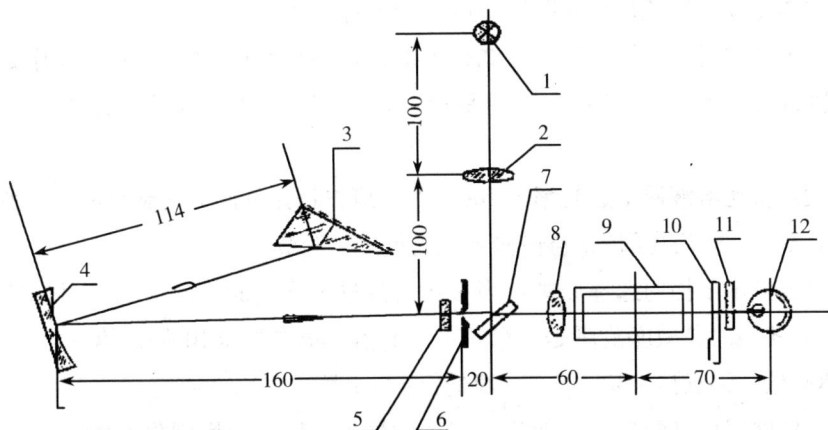

图 3 - 5　721 型分光光度计的光学系统图

1. 光源灯 12V 25W；2. 聚光透镜；3. 色散棱镜；4. 准直镜；5. 保护玻璃；6. 狭缝；

7. 反射镜；8. 聚光透镜；9. 比色皿；10. 光门；11. 保护玻璃；12. 光电管

（三）使用方法

（1）将仪器电源开关接通，开启比色皿暗盒盖，调节"0"透光率调节旋钮，使电表指针处在透光率"0"位。预热 20min 后，调波长调节旋钮至所需波长，并选择合适的灵敏度挡，再用调"0"透光率旋钮复校电表透光率"0"位。

（2）将比色皿暗盒盖盖上，将参比溶液推入光路顺时针旋转"100%"透光率调节旋钮，使电表指针处于透光率"100%"处。

（3）按上述方法连续几次调整透光率"0"和"100%"，直至不变，即可进行测定工作。

（4）将待测溶液推入光路，读取吸光度或透光率。

（5）拿取比色皿时，手指不能接触其透光面。溶液应装至比色皿高度的 2/3～3/4处，不宜过满或过低。盛好溶液后，应先用滤纸轻轻吸去比色皿外部的大部分水分，再用擦镜纸轻轻擦拭透光面，直至洁净透明。另外，还应注意比色皿内部不得黏附细小气泡，否则影响透光率。

（6）实验完毕，比色皿要洗净，晾干。必要时比色皿可用盐酸或适当溶剂浸洗，切忌用碱或强氧化剂洗。

（四）注意事项

（1）使用比色皿时，只能拿毛玻璃的两面，并且必须用擦镜纸擦干透光面，以保护透光面不受损坏或产生斑痕。在用比色皿装液前必须用所装溶液冲洗 3 次，以免改变溶液的浓度。比色皿在放入比色皿架时，应尽量使它们的前后位置一致，以减小测量误差。

（2）仪器不要连续使用太长时间，以免光电管疲劳。

（3）需要大幅度改变波长时，在调整 T 值为 0% 和 100% 之后，应稍等片刻（因钨丝灯在急剧改变亮度后，需要一段热平衡时间），待指针稳定后再调整 T 值为 0% 和 100%。

（4）使用参比溶液调了透光率为 100% 时，应先将光量调节器旋至最小，然后盖上比色皿暗盒盖（即开启光门），再慢慢开大光量进行调节。

（5）仪器灵敏度挡的选择原则：当参比溶液进入光路时，应能用光量调节器至透光率 100%。各挡的灵敏度范围是：第一挡 ×1 倍；第二挡 ×10 倍；第三挡 ×100 倍；第四挡 ×200 倍；第五挡 ×400 倍。一般选择在 ×1 挡。

（6）在仪器底部有两只干燥剂筒，应经常检查。发现干燥剂失效时，应立即更换或烘干后再用。比色皿暗箱内的硅胶也应定期取出烘干后再放回原处。

（7）为了避免仪器积灰和沾污，在停止工作时，应用罩子罩住仪器。仪器在工作几个月或经搬动后，要检查波长的准确性，以确保仪器的正常使用和测定结果的可靠性。

（杨　铭）

二、S54 型紫外－可见分光光度计

（一）仪器外形

S54 型紫外－可见分光光度计是上海棱光技术有限公司新近推出的具有卓越可靠的性能指标，内装有日本原装工作寿命为 3000h 氘灯和 10000h 长寿的钨灯，外形轻巧，适合现代实验室环境及移动携带（重 9kg）。面板与外形见图 3–6。

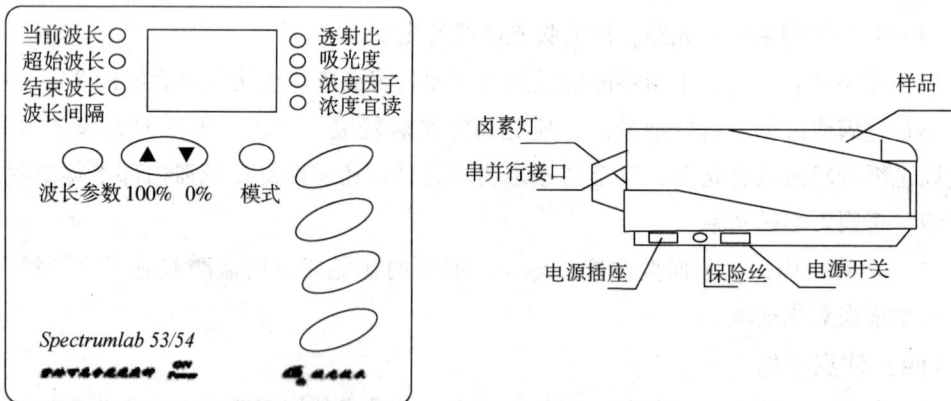

图 3–6　S54 型紫外－可见分光光度计的面板与外形

（二）工作原理

光源发出的复合光经分光系统进行分光后，获得的具有单一波长的平行光经过样品池中样品的吸收，透过的光强由感光系统转换为电信号，将透过光强（I_t）与初始的

入射光强（I_0）相比，即得透射率 T 值（$T = I_t / I_0$），再经过简单的数学变换即获得吸光度 A 值（$A = -\lg T$）。

（三）使用方法

（1）开机自检与自校　本仪器具备计算机自检与波长及100%线自校正功能，开机后显示窗两侧8只灯全亮，指示进入自检与自校状态，约需 2～3min。当 TRANS 灯亮时即说明自校结束进入待机状态，可随时使用。

（2）用 λ_{Para} 波长参数选择键，设置 λ_{NOW}、λ_{START}、λ_{END}、λ_{INT}。完成后 λ_{NOW} 灯亮。

（3）按 MODE 模式选择键，按测量要求选择：透射比（TRANS 灯亮）、吸光度（ABS 灯亮）、通常选择吸光度（ABS 灯亮）。

（4）调零　在样品室通光位上置入空白溶剂，按▲100%键调零。当显示为100%（模式为透射比）或 0.000（模式为吸光度）时调节完成。

（5）样品吸光度的测量　将样品室通光位上置入样品溶液，显示屏显示的数据即是样品的透射比或吸光度值。

（6）吸收光谱的绘制　将 S54 型紫外－可见分光光度计与电脑联机后，设定 λ_{START}、λ_{END} 和 λ_{INT}，用空白溶剂做基线校准，再对样品进行扫描。

（四）注意事项

（1）此仪器在日常使用中请在环境温度 10～30℃，环境湿度≤85%条件下工作。

（2）清洁仪器外表时，请勿使用乙醇乙醚等有机溶剂，不使用时请加防尘罩。

（3）比色皿每次使用后应用石油醚清洗，并用镜头纸轻拭干净，存放于比色皿盒中备用。

（杨　铭）

三、UV－2000 型紫外－可见分光光度计

（一）仪器外形

UV－2000 型紫外－可见分光光度计主要用于波长范围 190～1000nm 内的光吸收测量，其外形结构见图 3－7。

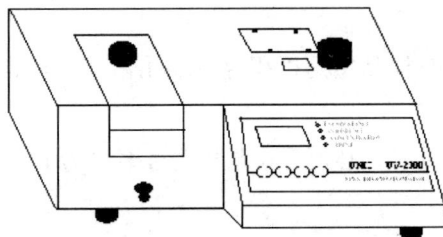

图 3－7　UV－2000 型紫外－可见分光光度计

（二）工作原理

分光光度法分析的原理是利用物质对不同波长光的选择吸收进行物质的定性和定

量分析的，通过对吸收光谱的分析，可以判断物质的结构及化学组成。

本仪器是根据相对测量原理工作的，即：选定某一溶剂（蒸馏水、空气或试样）作为参比溶液，设定它的透过率 T 为 100%，而被测物试样的透过率是相对于该物参比溶液得到的。透过率 T 的变化和被测物质的浓度有一定函数关系，在一定浓度范围内，符合朗伯 - 比尔定律：

$$A = -\lg T = -\lg \frac{I}{I_0} = Kcl$$

注：A 为吸光度；T 为透过率；I 为光透过被测试样后照射到光电转换器上的强度；I_0 为光透过参比样后照射到光电转换器上的强度；c 为溶液浓度；K 为溶液的吸光系数；l 为液层厚度。

（三）使用方法

（1）打开仪器电源，预热 20min。

（2）用键设置测试方式：透过率（T）；吸光度（A）；已知标样浓度方式（c）；已知标样浓度斜率（K）方式。

（3）按"MODE"键将测试方式设置至第一栏 T（透过率）状态。

（4）旋转波长调节旋钮至所需波长。

（5）打开样品室盖，在 1～4 号样品槽中，依次放入 %T 校具（黑体）、参比液、样品液 1 和样品液 2。

（6）盖上样品室盖，按"MODE"键将测试方式设置至第一栏 T（透过率）状态，拉动或推动仪器前面的拉杆，将 %T 校具（黑体）置入光路，按"0%"键，仪器自动校正至"0.000"。

（7）在 T 方式下，将参比液拉入光路中，按"100%"键，此时仪器显示"BLA"，校正完后显示"100%"，可进行样品测定。

（8）将被测样品依次拉（或推）入光路中，按"MODE"键将测试方式设置至第一栏 T（透过率）读数或第二栏 A（吸光度），记录仪器显示的数值。

（9）如需更换其他波长进行测定时，重复 4～8 项即可。

（10）拿出比色皿，盖上样品室盖，关机，罩上防尘罩，填写仪器使用记录。

（四）注意事项

（1）每次使用后应检查样品室是否积存有溢出溶液，经常擦拭样品室，以防废液对部件或光路系统的腐蚀。

（2）每当分析波长改变时，必须重新调整透过率 T 为 100%。

（高赛男）

四、T6 型紫外 - 可见分光光度计

（一）仪器外形

T6 型紫外 - 可见分光光度计采用的是高智能化的模块式设计，质量上乘、技术指

标出色、稳定的工作性能，其外形见图 3 - 8。

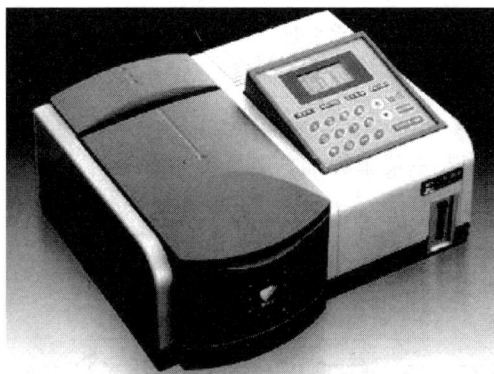

图 3 - 8　T6 型紫外 - 可见分光光度计

（二）主要技术参数

1. 光学系统　双光束比例监测；

2. 波长范围　190 ~ 1100nm；

3. 波长准确度　±1nm；

4. 波长重复性　≤0.2nm；

5. 光谱带宽　2nm；

6. 杂散光　≤0.05%T；

7. 光度范围　-0.3 ~ 3A；

8. 光度准确度　±0.002A（0 ~ 0.5A）；±0.004A（0.5 ~ 1A）；±0.3%T（0 ~ 100%T）；

9. 光度重复性　≤0.001A（0 ~ 0.5A）；≤0.002A（0.5 ~ 1A）；≤0.15%T（0 ~ 100%T）；

10. 基线平直度　±0.002A（200 ~ 1000nm）；

11. 噪声　±0.001A（500nm，P - P）开机预热半小时后；

12. 基线漂移　≤0.001A/h（500nm，0A）开机预热 2h 后；

13. 仪器功能　光度测量功能；功能扩展卡（定量测定、DNA/蛋白质测定、蔬菜农药残留测定等）；具有钨灯、氘灯点灯时间记录功能；支持 8 联池的操作；炫彩蓝色 LCD 显示；支持微型打印机、HP 系列喷墨，激光打印机；可与 PC 联机；

14. 标准配置　紫外可见分光光度计主机、合格证、石英比色皿、定量测量功能卡、组合工具保险管、（2A）电源线、使用说明书、装箱单。

（三）使用方法

1. 开机自检　依次打开打印机、仪器主机电源，仪器开始初始化；约 3min 时间初始化完成。

```
初始化 ███▌       43%
1.样品池电机       OK
2.滤光片          OK
3.光源电机        OK
```

初始化完成后仪器进入主菜单界面。

```
○  光度测定
○  功能扩展
○  系统应用
```

2. 进入光度测量状态 按"ENTER"键进入光度测量主界面。

```
光度测量:
    0.000   Abs
    250nm
```

3. 进入测量界面 按"START/STOP"键进入样品测定界面。

```
250.0nm        −0.002Abs
_____
No.    Abs        Conc
```

4. 设置测量波长 按"GOTOλ"键，在界面中输入测量的波长，例如：需要在460nm测量，输入460，按"ENTER"键确认，仪器将自动调整波长。

```
请输入波长:
```

调整完波长完成后如下图：

```
460.0nm        −0.002Abs
No.    Abs        Conc
```

5. 进入设置参数 这个步骤中主要设置样品池。按"SET"键进入参数设定界面，按"下"键使光标移动到"试样设定"。按"ENTER"键确认，进入设定界面。

```
○  测光方式
○  数学计算
○  试样设定
```

6. 设定使用样品池个数 按"下"键使光标移动到"使用样池数"，按"ENTER"键循环选择需要使用的样品池个数（主要根据使用比色皿数量确定，比如使用2个比色皿，则修改为2）。

```
○    试样室：八联池
●    样池数：2
○    空白溶液校正：否
○    样池空白校正：否
```

7. 样品测量 按"RETURN"键返回到参数设定界面，再按"RETURN"键返回到光度测量界面。在 1 号样品池内放入空白溶液，2 号池内放入待测样品。关闭好样品池盖后按"ZERO"键进行空白校正，再按"START/STOP"键进行样品测量。

```
460.0nm                     −0.002Abs


No.          Abs          Conc
1-1          0.012        1.000
2-1          0.052        2.000
```

（1）如需要测量下一个样品，取出比色皿，更换为下一个测量的样品按"START/STOP"键即可读数。

（2）如需更换波长，可直接按"GOTOλ"键调整波长。注意更换波长后必须重新按"ZERO"进行空白校正。如果每次使用的比色皿数量是固定个数，下一次使用仪器可以跳过第五、第六步骤直接进入样品测量。

（3）结束测量：测量完成后按"PRINT"键打印数据，如果没有打印机请记录数据。退出程序或关闭仪器后测量数据将消失。确保已从样品池中取走所有比色皿，清洗干净以便下一次使用。按"RETURN"键直接返回到仪器主菜单界面后再关闭仪器电源。

（四）注意事项

（1）仪器不要连续使用太长时间，以免光电管疲劳。

（2）使用参比溶液调整透光率为100%时，应先将光量调节器旋至最小，然后盖上比色皿暗盒盖（即开启光门），再慢慢开大光量。

（3）比色皿架及比色皿在使用中的正确到位问题。有些使用者对这个问题不够重视，因操作不当造成偶然误差，严重影响分析结果。首先，应保证比色皿不倾斜放置。稍许倾斜，就会使参比样品与待测样品的吸收光径长度不一致，还可能使入射光不能全部通过样品池，导致测试比准确度不符合要求。其次，应保证每次测试时，比色皿架推拉到位。若不到位，将影响到测试值的重复性或准确度。最后，应保证比色皿的清洁度，延长其使用寿命。

（4）干燥剂的使用问题。干燥剂失效将导致：①数显不稳、无法调"0"点或"100％"点（电路或光电管受潮）。②反射镜发霉或沾污，影响光效率、杂散光增加。

鉴于上述原因，分光光度计的放置地点应远离水池等湿度大的地方、干燥剂应定期更换或烘烤。

（5）仪器的工作环境。应避免阳光直射、强电场、与较大功率的电器设备共电等。

（李文超）

第三章 荧光分光光度计的构造及其使用方法

一、970CRT 荧光分光光度计

（一）仪器外形

970CRT 荧光分光光度计高灵敏度高信噪比，S/N 比达 100 以上，采用的是光源监控技术，使测量结果很稳定，其外形见图 3 - 9。

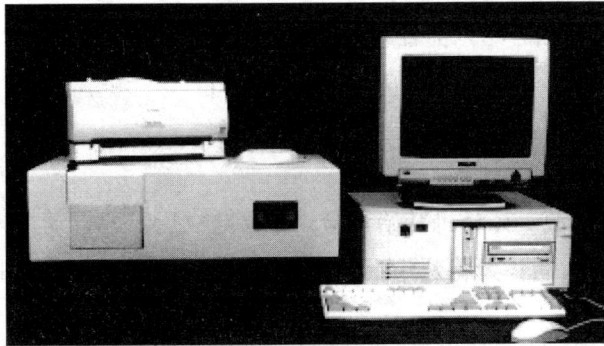

图 3 - 9　970CRT 荧光分光光度计

（二）工作原理

光学系统示意图见图 3 - 10。

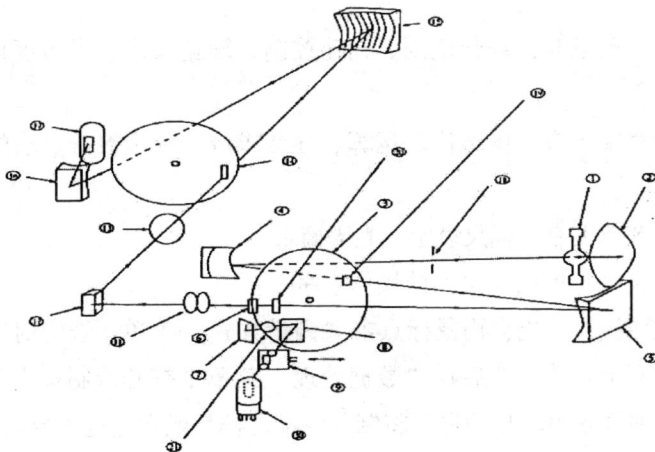

图 3 - 10　970CRT 的光学系统示意图

光源使用 150W 氙灯 1，氙灯的辉点经椭圆面镜 2 放大，聚光之后，由凹面镜 4 将其聚光于激发侧狭缝组件（Assy）3 的入射狭缝。由凹面衍射光栅 5 使分光后的一部分光通过出射狭缝 20 和聚光镜（2 片）11 照射到试样池 12。组件 1 到 4 的光束和组件 5 到 12 的光束从横方向来看是互相平行的，但从 4 射向 5 的光束是从上向下的方向。由激发侧狭缝组件（Assy）3 和凹面衍射光栅 5 组成的分光器是异面全息型分光器，入射狭缝和出射狭缝不处于同一水平面，而是上下错开一定的距离，这样能够除去由壁面散射的 0 次光作为光源而产生的重像光谱。荧光分光器也具有同样的形式。激发光的一部分被光束分离器石英板 6 反射，射向聚四氟乙烯反射板 7，由 7 射出的反射光通过光量平衡孔 21 照射到聚四氟乙烯第 2 反射板 8。从 8 射出的反射光由光学衰减器 9 以一定比例衰减以后，射入用于监测的光电倍增管 10。

从试样池发射的荧光通过聚光镜 13，射入由荧光侧狭缝组件（Assy）14 和凹面衍射光栅 15 组成的荧光分光器，被分光器分光后的光通过凹面镜 16，射入用于测光的光电倍增管 17 后，测光信号送入前置放大器。

（三）使用方法

（1）开氙灯电源。氙灯点亮，指示灯发出红光。

（2）开主机电源。

（3）开计算机电源。计算机开始自检，自检完成后，即自动进入系统初始化。此时请等待 5min 左右时间，无特殊情况请不要退出操作，系统初始化后进入工作状态视窗。

（4）用鼠标在菜单选择项打开菜单窗口选择工作方式或进行数据设定等操作。这些操作都在中文对话形式下进行，十分方便。

①文件操作菜单下有：新建、打开、打印、保存为、退出。

②测量方式菜单下有：EX 光谱、EM 光谱、定量分析、同步扫描、时间扫描、S/X 测定。

③参数设定菜单下有：波长范围、扫速控制、缝宽设定、灵敏度设定、时间扫描定时。

④数据处理菜单下有：图谱比较运算、导数求峰、检索波峰、求峰面积、平滑处理、绘制标准曲线。

⑤展示变换菜单下有：标尺设定、光谱摘录。

（5）一般测量（标准曲线法）的操作程序

①绘制标准曲线：首先，用鼠标点击"测量方式"菜单，选定时间扫描方式，设定好其中所有的测量参数，然后在"数据处理"菜单中打开绘制标准曲线项，此时屏幕显示绘制标准曲线视窗，用户即可将制备的标准样品或本底逐个放入样品室测定 INT 值或本底（如不需要扣除本底，则只需单击"清本底"键）。在测定前应把该样品的标准浓度值键入浓度值长方框内，样品的数量可以从 1 个到 9 个。在测量样品时如发

现不理想的样品,用户可用删除键删除。样品输入测定结束后,用鼠标单击 1~3 次拟合即可得到理想的标准曲线。在退出本操作后,可将所绘的标准曲线存入曲线库中以备后面求样品浓度时使用。

②定量分析:首先按照时间扫描方式设定好所有测定参数,然后在"测量方式"菜单中单击定量分析项,再单击控制键"开始测定",屏幕将显示浓度测定视窗,这时即可将被测样品或本底放入样品室进行 INT、浓度值或本底的测定。测定中如需扣除本底,则可先单击"测本底"键,对本底进行测量,然后再测 INT 值将自动扣除本底;如不需要扣除本底,则只需单击"清本底"键即可。

(6)关机　测试完毕后,先退出应用程序,关闭计算机,然后关仪器主机电源,最后关氙灯。

(四)注意事项

(1)开机是先开氙灯、再开主机电源、最后开计算机顺序不能颠倒,关机时先关计算机、再关主机电源、最后关氙灯。

(2)初始化时,不要在计算机上进行任何操作。

(3)在扫描过程中不要进行任何操作,无特殊情况不要终止扫描,直到扫描出完整图谱。

(4)定量分析时,样品的测试条件应与所打开的标准曲线图谱的测试条件一致。

(杨　铭)

二、RF - 5301 PC 型荧光分光光度计

(一)仪器外形

日本岛津公司生产的 RF - 5301 PC 型荧光分光光度计外形如图 3 - 11 所示。

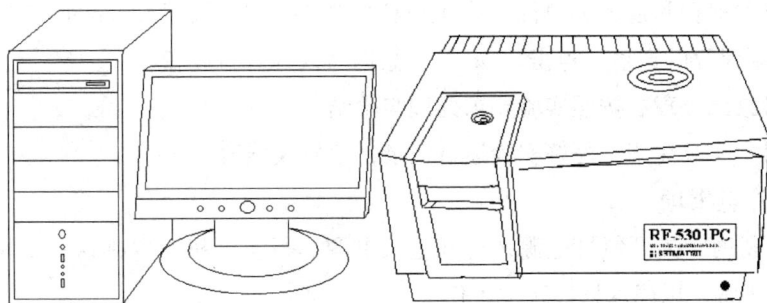

图 3 - 11　RF - 5301 PC 型荧光分光光度计

(二)工作原理

由光源氙灯发出的紫外光或蓝紫光(此光为荧光物质的激发光),经过单色器变成单色荧光后照射到样品池中,激发样品中的荧光物质发出荧光,荧光经过滤过和反射后,被光电倍增管接受,由其发出的光电流经过放大传输到记录仪。

当测绘荧光发射光谱时，将激发光单色器的光栅，固定在适当的激发光波长处，让荧光单色器凸轮转动，将各波长的荧光强度讯号输出到记录仪上，所记录的光谱就是发射光谱，也就是荧光光谱。

当测绘荧光激发光谱时，将荧光单色器的光栅，固定在适当的激发光波长处，只让激发光单色器凸轮转动，将各波长的激发光强度讯号输出到记录仪上，所记录的光谱就是激发光谱。

当进行样品溶液定量分析时，将激发光单色器固定在所选择的激发光波长处，将荧光单色器调节到所选择的荧光波长处，由记录仪得出的信号就是样品溶液的荧光强度。

（三）使用方法

1. 仪器连接

（1）打开仪器和氙灯电源开关。

（2）点菜单栏中"Configure"中的"Instrument"，在弹出的对话框中的"Fluorometer"中选择"On"，仪器开始初始化。

（3）初始化进行一系列的检查，如一切顺利通过，对话框各项目亮起，将"Fluorometer"、"HV Control"和"PMT Protect"均设为"On"，"Auto Shutter"处于"Off"位置，点击确认键。

2. 参数设定　在菜单栏中，选择"Acquire Mode"、"Spectrum"进入光谱模式，选择"Configure"和"Parameters"，弹出光谱参数对话框，设置实验参数，点击"OK"确定。

3. 数据采集　放置样品，点击开始按钮开始测定，测定完毕后在弹出的对话框中输入文件名称，点击保存。

4. 数据的保存和通道的删除　在菜单栏中选择"File"、"Channel"、"Save Channel"，勾选要保存的通道，点击"OK"后数据写入计算机硬盘。

5. 实验结果处理　按照实验要求处理实验结果。

6. 记录　实验完毕，写好实验运行记录，罩好仪器罩。

（四）注意事项

（1）开机时，先开氙灯电源，再开主机电源。每次开机后要确认一下两边排热风扇工作是否正常，以确保仪器正常工作。

（2）测试样品时要在氙灯点亮 30min 后进行。

（3）当氙灯未能触发，并连续发生"吱吱"高频声或"叭叭"打火声时，立即关掉氙灯电源。关闭氙灯电源后需等 60s 以后重新触发。

（4）当错误操作或其他干扰引起微机错误时，应立即关断主机电源重新启动，但不用关氙灯电源。

（高赛男）

三、Edjese 美国瓦里安荧光分光光度计

（一）仪器外形

Edjese 美国瓦里安荧光分光光度计采用的是模块化软件，包括一系列应用处理软件功能。可通过软件系统迅速、准确地完成样品测定。能够采集到所用荧光动态反应数据，并可进行谱图显示、数据分析、打印和通过邮件发送数据。外形见图 3 - 12 所示。

图 3 - 12　Edjese 美国瓦里安荧光分光光度计

（二）使用方法

以测量浓度为例说明：

（1）打开主机开关，打开荧分光光度计开关，启动后预热 20min，打开计算机进入 windows 操作系统。在桌面上双击 cary Eclipge 图标，如未确定最大激发波长，打开软件的"scan（扫描）"模块，然后"Setup（设置）"然后预扫描结果以确定。在主显示窗下双击 concentration 图标，进入浓度主菜单。

（2）单击设置功能键，进行参数设置。设置采样类型、激发波长、激发狭缝、发射狭缝、平均时间（设置时间越长，每个采集点所采集的数据就越多，平均值显示比较稳定，在定波长测定中一般选择 1s 平均时期为合适）。

（3）单击选项功能键，进入选项页编辑。设置 Y 轴最小值、Y 轴最大值、激发滤光片（可选择与激发波长相适应的滤光片，也可选择 Auto 或 Open，若选择 Closed 将无激发源）、发射光滤光片（可选择与发射波长相适应的滤光片，也可选择 Auto 或 Open，若选择 closed 将无发射信号）、PMT 检测器高压。

（4）单击标样功能键，进入标样设置页面。设置标样的单位、标样数、采样次数和标样浓度，在拟合公式下选择标准曲线类型。

（5）单击样品功能键，进入样品设置页面。设置样品个数，采集次数和样品名。

（6）参数设置完毕，单击窗口正上方的"连接"，按"开始"，此时弹出标样/样品选取窗口，选择测试液名称，按"OK"，此时提示放入标样（或样品），放入后按

"OK"进行测定,在仪器左上方显示测定样的荧光强度,记录。

(7)试验完毕后,关闭仪器、计算机,盖好防尘布。

(三)注意事项

(1)在实验开始前,应提前打开仪器预热,并配制好所需的溶液,对于已经配制好的溶液,不用时放在4℃冰箱中保存,放置时间超过一星期的溶液要重新配制。

(2)实验所用的样品池是两面透光的石英池,拿取的时候用手指拿住池体的磨砂面,不能接触到光滑面,清洗样品池后应用擦镜纸对光滑面进行轻轻擦拭。

(3)测试样品前用未加待测物的试剂溶液做空白溶液,作参比溶液(调荧光强度为"0"),在测试样品时,注意荧光强度范围的设定不要太高,以免测得的荧光强度超过仪器的测定上限。

(4)实验结束后,要及时的清理台面,处理废液,清洗和放置好样品池,将下次要用的溶液放回冰箱,并且按规定登记实验记录,养成良好的实验习惯。

(倪丹蓉)

第四章 原子吸收分光光度法

AA6601 型原子吸收分光光度计:

(一) 仪器外形

岛津 AA6601 型原子吸收分光光度计的外形见图 3-13 所示。

图 3-13 AA6601 型原子吸收分光光度计

(二) 工作原理

原子吸收分光光度法,是利用光源辐射出待测元素的特征光谱,通过样品的蒸汽时被待测基态原子所吸收,根据辐射光强减弱的程度,测定样品中待测元素的含量。其基本程序是:将分析样品转化成雾状后引入火焰,火焰提供一定的能量后,使样品受热分解成原子状态,这些原子处于最稳定的基态。当外部给以光照时,它们便吸收待测元素的特征辐射,并跃迁到高能级状态。这时,被吸收的光量与基态原子的数目,即与样品中待测元素的含量具有一定比例关系。因而,根据光通过火焰测得的被吸收的光量值,可以计算出样品中待测元素的含量。根据上述原理设计的仪器称为原子吸收分光光度计或原子吸收光谱仪。

(三) 使用方法

1. 开机准备 选择是火焰原子吸收还是石墨炉原子吸收分析方式。并将燃烧头或石墨炉置于光路位置,若是火焰原子吸收,则要先调整好燃烧头高度。

2. 开机预热 接通电源,启动计算机,进入操作界面,选择好分析方式和分析条件,打开主机电源,选择元素灯(注意灯电流、高压和狭缝),仪器(元素灯)须预热 15~20min 后方可开始测量。仪器(元素灯)预热时可观察基线。

3. 分析测量 配制好校准溶液,并将校准浓度输入计算机,开启空调和换气扇。

根据分析方式选择下面的工作步骤：

（1）火焰原子吸收　检查水封，开启空气压缩机（注意空压机排水），调整好压力。

用烧杯准备好一杯洁净去离子水，开启乙炔钢瓶（注意压力），按住点火开关点火，点火后吸入洁净去离子水。进行平衡后进入分析界面，点启动，按"B"键选定基准，按"空格"键测量，先测量校准曲线，后测量试样。

（2）石墨炉原子吸收　输入好工作条件，接通冷却水，开启保护气（氮气），注意内气路和外气路流量，开启加热电源开关，进行平衡后进入分析界面，点启动分析，先测量校准曲线，后测量试样。

4. 关机　根据分析方式选择下面的工作步骤。

（1）火焰原子吸收　分析完后，先关闭乙炔，吸入洁净去离子水清洗仪器约2min，关闭空压机，关闭主机和换气扇。操作系统复位，退出"DOS"，转入"WIN"输出结果，关闭计算机电源，关闭空调。

（2）石墨炉原子吸收　分析完后，关闭加热电源，关闭保护气（氮气），关闭主机和换气扇，关闭冷却水。操作系统复位，退出"DOS"，转入"WIN"输出结果，关闭计算机，关闭空调。

（四）注意事项

（1）本仪器为精密电子仪器，严禁带电插、拔电源线。

（2）开机前，检测查仪器外观有无异常。

（3）使用火焰原子吸收关机时，一定要先关闭乙炔。

（4）更换氮气和乙炔钢瓶要检查气密性。

（5）仪器常见故障及排除（详见仪器说明书）。

（杨　铭）

第五章　红外分光光度法

一、VERTEX 70 傅里叶红外分光光度计

（一）仪器外形

VERTEX 70 是世界上第一台全数字化的红外光谱仪，主机内置 HTML 服务器通过网卡与计算机进行数据通讯。VERTEX 70 傅里叶红外分光光度计的外形图见图 3-14 所示。

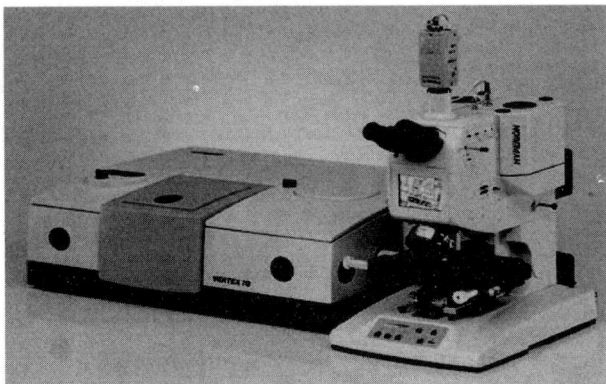

图 3-14　VERTEX 70 傅里叶红外分光光度计

（二）工作原理

红外光谱（infrared spectrometry，IR）是一种分子吸收光谱，当分子受到红外光辐射时产生振动能级（同时伴随转动能级）的跃迁，在振动时有偶极矩改变者就吸收红外光子，形成红外吸收光谱。用红外光谱法可进行定性分析和定量分析（主要是定性分析），从分子的特征吸收可以鉴定化合物的分子结构。

傅里叶变换红外光谱仪（简称 FTIR）和其他类型的红外光谱仪一样，都是用来获得物质的红外吸收光谱，但测定原理有所不同。在色散型光谱仪中，光源发出的光先照射待测试样，然后由分光系统对透过光进行分光，由检测器检测后获得吸收光谱。但在傅里叶变换红外光谱仪中，首先是把光源发出的经迈克尔逊干涉仪变成干涉光，然后照射待测试样，经检测器获得干涉图，再由计算机把干涉图进行傅里叶变换而得到红外光谱。

（三）使用方法

（1）先开启稳压电源，等待 1min 后按仪器后侧的电源开关，开启仪器，自检通过后，状态灯由红变绿。等待 10min 待电子部分和光源稳定后，才能进行测量。

（2）启动计算机，启动 OPUS 软件，default 为用户名，输入密码，点 login 进入。

（3）进入 OPUS 窗口后，首先设置光谱仪的部件，打开下拉菜单 Measure 进入 optic setup and service 对话框，设置仪器参数。

（4）设置测量参数，打开下拉菜单 Measure 选择 Setup Measurement Parametes 对话框，设置 optic（光学）参数，Acquisition（采样）格式，以及改变傅里叶变换参数。

（5）首次使用光谱仪需要贮存干涉峰的位置，以后除非更换仪器硬件，一般不需要反复贮存。

（6）高级设置，打开下拉菜单 Measure 选择 Advanced 对话框，在此设置扫描次数以及保存的路径参数。

（7）测量背景：进入 Optic 页面，首先检查光圈的设置，然后进入 Basic 页面点击 Collect background 按钮，即可采集背景谱。

（8）测量样品：采集背景光谱后，将测试样品放置在样品仓的样品架上，点击 Collect sample，测试对话框消失并进入谱图窗口，测试结束后，谱图会显示在谱图窗口。

（9）选择 File 菜单里的 Save file as，选择其他的存贮模式，保存谱图，对谱图进行处理。

（10）退出 OPUS 软件，移走样品仓中的样品，确保样品仓清洁，按仪器后侧电源开关，依次关闭仪器，计算机和稳压电源，若有必要，还需要从电源插座上拔下电源线。

（四）注意事项

（1）为了维持光路干燥，非长假期或没有通知停电的情况下，保持仪器处于开启状态；大约每六个月或者至少当仪器上面的电子湿度指示灯变红时，应该更换检测器腔及干涉仪腔内干燥剂；时常注意除湿，使其保持工作状态。

（2）每个实验员均应在 D 盘建立独立的数据文件夹存放实验结果，重要实验数据和对外检测样品的实验数据应该及时备份以供查询。

（3）在使用液膜法时应注意盐片易吸水，取盐片时需戴上指套。盐片装入液体样品测试架后，螺丝不宜拧得过紧，以免压碎盐片。

（4）压片模具及液体吸收池等红外附件，使用完后应及时擦拭干净，必要时清洗，保存在干燥器中，以免锈蚀。

（5）每次实验均应做好实验记录，记录仪器状态和相关信息。

附：样品制备方法与测量

1. 液体试样

（1）液膜法（水溶液样品尽量不用该法，避免盐片浪费）　沸点较高的试样，可直接滴在两片 KBr 盐片之间形成液膜进行测试。取两片 KBr 盐片，用丙酮棉花清洗其表面并晾干。在一盐片上滴 1 滴试样，另一盐片压于其上，装入到可拆式液体样品测试架中进行测定。扫描完毕，取出盐片，用丙酮棉花清洁干净后，放回干燥器内保存。黏度大的试样可直接涂在一片盐片上测定。也可以用 KBr 粉末压制成锭片来替代盐片。

（2）液体池法　沸点较低、挥发性较大的试样或黏度小且流动性较大的高沸点样品，可以注入封闭液体池中进行测试，液层厚度一般为 0.01 ~ 1mm。一些吸收很强的纯液体样品，如果在减小液体池测试厚度后仍得不到好的图谱，可配成溶液测试。液体池要及时清洗干净，不使其被污染。

2. 固体试样

（1）压片法（易吸水、潮解的样品不宜用本法制样）　一般红外测定用的锭片为直径 13mm、厚约 1mm 左右的小片。取样品（约 1mg）与干燥的 KBr（约 200mg）在玛瑙研钵中混合均匀，充分研磨后（使颗粒达到约 2μm），将混合物均匀地放入固体压片模具的顶模和底模之间，然后把模具放入压片机中，在 15 ~ 20MPa 左右的压力下保持 1min 即可得到透明或均匀半透明的锭片。取出锭片，装入固体样品测试架中。

（2）石蜡糊法　将干燥处理后的试样研细，与液体石蜡或全氟代烃混合，调成糊状，夹在盐片中测试。

（3）薄膜法　固体样品制成薄膜进行测定可以避免基质或溶剂对样品光谱的干扰，薄膜的厚度为 10 ~ 30μm，且厚薄均匀。

（杨　铭）

二、FTIR – 8400S 型红外分光光度计

（一）仪器外形

FTIR – 8400S 型红外分光光度计波数扫描范围是 400 ~ 4000cm^{-1}，其外形结构见图 3 – 15。

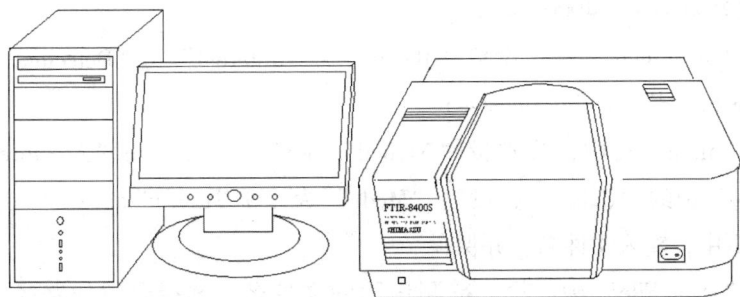

图 3 – 15　FTIR – 8400S 型红外分光光度计外形结构图

（二）工作原理

光源发出的光通过准直镜，被转换到分光器上分为两束，一束经反射到达动镜，另一束经透射到达定镜（图 3 – 16）。两束光分别经定镜和动镜反射再回到分光器。动镜以一恒定速度 V_m 做直线运动，因而经分光器分光后的两束光形成光程差 δ，产生干涉。干涉光在分光器汇合后通过样品池被检测。

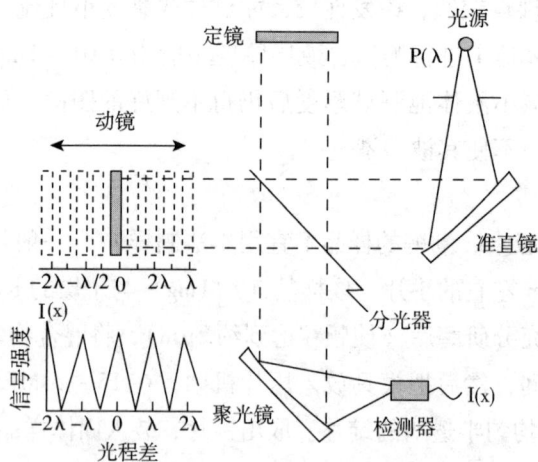

图 3 – 16 傅里叶红外光谱仪工作原理图

（三）使用方法

1. 开机 依次打开红外分光光度计、电脑、显示器和打印机等电源开关。

2. 启动软件 双击显示器 Windows 桌面的"IR Solution"图标，进入"IR Solution"工作站。

3. 仪器初始化 选择菜单栏上的"测试"中的"初始化"，仪器开始"初始化"。

4. 参数设定

（1）点击"Measure"下的"Data"中，设置"Measuring Mode"为"% Transmittance"，"Apodization"为"Happ – Genzel"，"No. of Scans"为"40"，"Resolution"为"4cm^{-1}"，波数范围为"4000 ~ 400"。

（2）在"Instrument"中，设置"Beam"为"Internal"，"Detector"为"Standard"，"Mirror Speed"为"2.8mm/sec"。

（3）在"More"页中，分别设"Normal"中的"Gain"和"Aperture"为"Auto"；"Monitor"中的"Gain"为"1"，"Mode"为"% Transmittance"。

（4）在页中，输入文件名，并保存。

（5）在"Data File"中，写入待测谱图的文件名，选择合适的路径，在"Comment"中输入文本加以说明。

5. 光谱测定

（1）将空白对照样放进样品室的样品架上，盖上样品室盖，点击"Measure"下的"BKG"，进行背景扫描。

（2）取出空白对照样，插入样品，盖上样品室盖，点击"Measure"下的"Sample"，进行样品扫描。

6. 分析测试结果

（1）选择"Manipulation 1"中的"Peaktable"，设置"Noise"为"0.1"，"Threshold"为"35"，"Min Area"为"0.5"，点击"Calc"。

（2）基线校正　选择"Manipulation 1"，对"Baseline"中的"Zero"数值进行设置。

7. 退出程序　测完数据后，退出运行程序，依次关掉电脑和主机电源，盖上防尘罩，写好实验运行记录。

（四）注意事项

（1）仪器一定要安装在稳定牢固的实验台上，远离振动源。

（2）供试品测试完毕后应及时取出，样品室要保持干燥，及时更换干燥剂。

（3）所用试剂、试样保持干燥，用完后及时放入干燥器中。

（4）压片模具及液体吸收池等红外附件，使用完后应及时擦拭干净，必要时清洗，保存在干燥器中，以免锈蚀。

（高赛男）

三、Varian Scimitor 800 型红外分光光度计

（一）仪器外形

Varian Scimitor 800 型为一款研究级红外光谱产品（外形见图 3 – 17），专利的光源设计配合动态准直干涉仪，可提供优异光学能量性能和 $0.07\,cm^{-1}$ 超高分辨率。全智能化的光学平台设计和良好的升级性能，可全面满足常规分析、高级研究等各种测试需求。

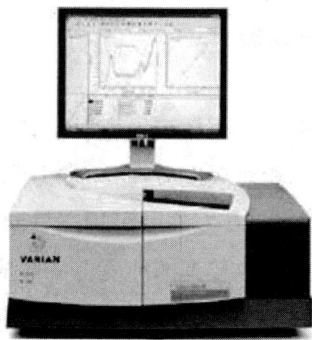

图 3 – 17　Varian Scimitor 800 型红外分光光度计

（二）主要技术参数

1. 分辨率　$0.07\,cm^{-1}$。

2. 光谱范围　$375 – 7800\,cm^{-1}$（标准配置），可以升级 $50,000 – 20\,cm^{-1}$。

3. 光源　专利交流电陶瓷光源，可升级双光源。

4. 干涉仪　60° 3 点激光定位动态准直干涉仪。

5. 检测器　DLaTGS，可选：专利线性 MCT 及近红外、远红外检测器，可同时配备双检测器。

6. 快速扫描功能　>65 张/秒，$16cm^{-1}$分辨率。

7. 校验单元　内置标准校验单元。

8. 软件　中文 Resolutions Pro 软件。

9. 接口　高速 2.0 USB。

（三）使用方法

以聚苯乙烯标准物质红外光谱的绘制为例说明：

（1）背景光谱采集　开启仪器，选择 Varian Rosolutions 程序进入操作界面，在 Scan 菜单中选择 Scan，设置扫描次数为 32，分辨率为 $4cm^{-1}$，图谱纵坐标为透光率或吸光度，光谱范围 $400 \sim 4000\ cm^{-1}$。选择完毕，点击 Background，进行背景扫描。

（2）聚苯乙烯红外波长标准物质的红外光谱图测绘　打开样品仓，将聚苯乙烯红外波长标准物质置于样品架上，点击 Scan \ Scan 按钮，选择 Sample 设置参数，设置扫描次数为 32，分辨率为 $4cm^{-1}$，图谱纵坐标为透光率或吸光度，光谱范围 $400 \sim 4000\ cm^{-1}$。选择完毕，点击 Scan 键，开始扫描。当试样采集完毕后，即可得到 $400 \sim 4000\ cm^{-1}$范围内的聚苯乙烯红外光谱图。

（3）吸收峰波数标注　在操作界面中，打开 Peaks 菜单，点击 Peak Pick，设置参数，即可标出各吸收峰的波数值。

（4）谱图打印　在 file 下拉菜单中，选择 Print setup 设置打印参数；然后再进入 file 下拉菜单，选择 Print，即可打印出聚苯乙烯红外波长标准物质的红外光谱图。

（5）实验结束，关闭界面，退出操作系统。并关闭主机、打印机和计算机及稳压电源开关，拉下总电源，覆盖好仪器。

（四）注意事项

（1）仪器应安装在坚固平台上，避免日光直射，必要时加防护罩。

（2）主机室内应保持干燥，相对湿度应在 50% 以下，可用除湿器调整。

（3）主机室内温度应保持在 25℃ 左右，可用空气调节器调节。

（4）欲测定红外光谱的样品需要较高的纯度，一般应含干燥的样品 95% 以上。

（5）仪器性能对测定结果影响很大，因此，在使用时，应首先了解仪器的性能和工作状态。工作正常时，不可随意调节各部件。若发生故障或使用一段时间后，应请检修专业人员进行校正和调整，校正和调整的项目主要为杂散光试验、热用偶输出信号试验、狭缝程序线试验、分辨率试验、100% 透光率试验和波数精度试验等。

（6）红外信号较弱，因此要求仪器应有良好的屏蔽专用地线，并避免强电、磁声的干扰。

（李文超）

第六章 磁共振波谱法

AVANCE Ⅲ型磁共振波谱仪：

（一）仪器外形

AVANCE Ⅲ型 400MHz 磁共振波谱仪见图 3 – 18。

图 3 – 18　AVANCE Ⅲ型磁共振波谱仪

（二）技术参数

1. 主要技术指标

标准宽带范围：$BB = {}^{31}P - {}^{15}N$。

灵敏度：367S/N ${}^{1}H$ NMR，0.1EB 263S/N ${}^{13}C$ NMR，ASTM。

分辨率：0.38Hz ${}^{1}H$，0.1CHCl${}_{3}$，0.13 ${}^{13}C$ NMR，ASTM。

2. 主要功能及应用范围
测定液体的各种样品的高分辨磁共振波谱，以获取各种分子水平的结构信息。适于化学、生物、医药、石油化工等领域的物质鉴定，结构分析，化学反应机制测定，动力学研究等，也直接应用于生产开发及质量控制分析。

（三）使用方法

1. 开机
开机的顺序是固定的，其过程要保证交换机有电。

（1）开 UPS 电源。

（2）开谱仪外标有 1 的按钮。

（3）打开惠普工作站　① 开计算机；② 选 nmr 系统，出现对话框，输入密码 topspin 出现桌面；③ 在桌面双击快捷方式 spect，出现一个空白窗口，使其最小化（注：此窗口相当于遥控交换机界面，所以无需关掉，最小化即可）。

（4）开谱仪内上方标有 1 的按钮，谱仪内出现红色 postcot 码 98 代表计算机正常启动，即可进行下一步（注：如果出现 C0 说明谱仪没有找到网络或开机顺序出现问题）。

（5）开谱仪内下方带 1 按钮。

（6）观看计算机 spect 窗口出现 welcome 等字样即可进行下一步。

（7）启动核磁程序，进行初始化。① 双击桌面快捷方式 topspin2.1；② 输入 cf 回车（cf 是对硬件配置进行确认，所以弹出的窗口上任何数据无需改动，直接 next 即可）→弹出对话框输入密码 bruker（所有类似对话框需输入密码都是 brukei）→选 edit→选 next（如果出现报错是正常）→next→next→restore→save→next→save→next→finis；③ 随便找一个空白谱图拉过来，输入 ii 回车（如果出现报错再输入一遍 ii 回车，标准情况是出现报错也应再输入一遍，一定要保证第二遍不出错）；④ 输入 edhead 回车，选择探头→选 defined at→选 seen→退出页面→选 save；⑤ 输入 rsh 回车，调匀场文件→选 read；⑥ 输入 edte 回车，控温参数→选 config→选 load configuration→选 SE（什么探头就选什么文件）→open→选 maindisplay→改 gas flow（到 400）→改 Target temp 后 chang（到 300）→setmax→5→ok→选 probe Heater on。

2. 采集频谱的基本步骤

（1）建立新实验（edc + 回车）；会弹出一个参数设置对话框，如下：

NAME　　　　　　　　注意：建立新实验要修改不同路径

EXPNO

PROCND

DIR　　　　　　　具体位置

UWER

SOLVENT

Exprimengt Durs

Exapriment

TITLE

（2）优化参数（ased + 回车），获得参数（getprosol + 回车）；弹出一对话框，如下：

Pulprog　　　　　脉冲序列

Td

Ns　　　　　采样次数（C 谱在 256 次，H 谱在 8~16 次）

Ds　　　　　虚采

Swh　　　　　谱宽

AQ

（3）锁场（lock→鼠标右键→lock sample）；

（4）调谐 atma + 回车（atma + 回车）；

（5）匀场（topshim + 回车）；

（6）优化参数（rga + 回车）；

（7）采样（zgefp + 回车）。

3. 关机 计算机与谱仪无先后顺序。

首先，取出样品，计算机要求退出所有界面；其次，关闭谱仪，谱仪要与空压机同步，谱仪关空压机关，谱仪开空压机开。

顺序：① 打开谱仪门；② 带上静电带或手扶谱仪外金属框；③ 关闭谱仪内下方带圈按钮；④ 关闭谱仪内上方带圈按钮；⑤ 关闭谱仪外带圈按钮。

（四）注意事项

（1）测试样品时，选择合适的溶剂配制样品溶液，样品的溶液应有较低的黏度，否则会降低谱峰的分辨率。

（2）对于磁共振氢谱的测量，应采用氘代试剂，防止产生干扰信号。

（3）对中、低极性样品，最常采用氘代氯仿作溶剂，极性大的样品可采用氘代丙酮、重水等作为溶剂。

（4）为测定化学位移，需要加入一定的基准物质，对于碳谱和氢谱，基准物质最常用四甲基硅烷（TMS）。

（杨　铭）

第七章 色谱分析仪器

一、Agilent 7890A 气相色谱仪

（一）仪器外形

Agilent 7890A 气相色谱仪的外形见图 3 – 19。

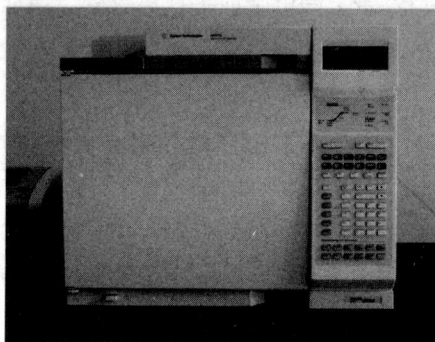

图 3 – 19   Agilent 7890A 气相色谱仪

（二）工作原理

图 3 – 20 为气相色谱仪（FID 检测器）流程图。

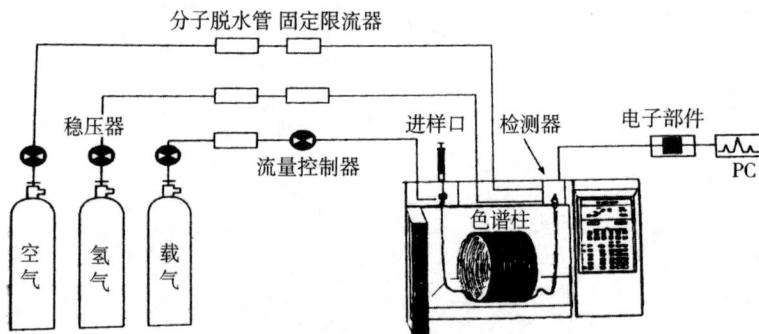

图 3 – 20 气相色谱仪（FID 检测器）流程图

气相色谱仪是一种多组分混合物的分离、分析工具，它是以载气（一般为氮气）为流动相，采用冲洗法的柱色谱技术。当多组分的待测物质通过一定的进样方式进入到色谱系统后，由于各组分在色谱柱中的气相和固定相间的分配系数不同，因此各组分在色谱柱的运行速度也就不同，经过一定的柱长后，顺序离开色谱柱进入检测器，

经检测后转换为电信号送至数据处理工作站，从而完成了对被测物质的定性定量分析。

（三）使用方法

1. 开机

（1）检查仪器电源线连接是否正常、气路管线连接是否正常。打开气源（按相应的检测器选择所需气体）。

（2）打开稳压电源，打开计算机，进入 Windows XP 画面。打开 7890A GC 电源开关。

（3）待仪器自检完毕，双击 Instrument Online 图标，化学工作站自动与 7890A 通讯，待 Remote 灯亮。

（4）从 View 菜单中选择 Method and run control 画面，单击 Show top toolbar，Show status toolbar，Instrument diagram，Sampling Diagram，使其命令前有√标志，来调用所需的界面。

2. 数据采集方法编辑

（1）编辑完整方法 打开 Method 菜单，单击 Edit Entire method，选中除 data Analysis 外三项，点击 OK。

（2）方法信息 打开 Method comments 中输入方法的信息，点击 OK。

（3）进样设置（以手动进样为例） 在 Select injection source 画面中选择 manual，并选择所用的进样口的位置 front 或 back，点击 OK。

（4）参数设定 分别点击以下参数图标，进入设定画面，设置所需的参数。①进样口参数的设置；②色谱柱参数的设置；③炉温的设定；④检测器参数的设置；⑤输出信号的设置；以上参数编辑完成后，单击 OK。

（5）保存编辑的方法 从 Method 中选择 Run time checklist，选中其中的 Data acquisition，单击 OK。再单击 Method 菜单，选中 Save method as，输入一方法名，单击 OK。

（6）从 Run control 菜单中选择 Sample info 选项，输入操作者名称，在 Data file 中选择 Prefix。在 Sample Parameters 栏下后的框中输入样品瓶所在的位置，单击 OK。

3. 样品分析
待基线稳定后，从进样口注入样品，同时按主机键盘上的 Start 键进行样品分析。

4. 数据分析方法编辑

（1）从 View 菜单中，单击 Data analysis 进入数据分析画面。从 File 菜单选择 Load signal，选中您的数据文件名，单击 OK。

（2）做谱图优化，从 Graphics 菜单中选择 Signal options 选项，从 Ranges 中选择 Auto scale 及合适的显示时间，单击 OK 或选择 Use Ranges 调整。反复进行，直到图的比例合适为止。

（3）积分 从 Integration 中选择 Auto integrate，如积分结果不理想，再从菜单中选择 Integration Events 选项，选择合适的 Slope sensitivity，Peak width，Area reject，Height reject 参数，从 Integration 菜单中选择 Integrate 选项，则数据被积分。单击左边√图标，将积分参数存入方法。

5. 打印报告 从 Report 菜单中选 Print report，则报告结果将打印到屏幕上，如想输出到打印机上，则单击 Report 底部的 Print 按钮。

6. 关机 实验结束后，调出提前编好的关机方法，关闭检测器，降温各热源，关闭气体（H_2，Air）。待各处温度降下来后（低于 50℃），退出化学工作站，退出 Windows 所有的应用程序。依次关闭计算机、GC 电源、载气。

（四）注意事项

（1）开启仪器前，一定确保已接通载气气路，否则会损坏检测器，造成很大损失。

（2）一根新的色谱柱在使用前需要老化，在老化时，勿将柱端接到检测器上，防止污染检测器。通常在室温下通载气 10min 后，再老化，以防色谱柱损坏。

（3）色谱柱的柱温一定要低于固定相的最高使用温度。

（4）氢焰离子化检测器是气相色谱仪常用的检测器，在使用时应调节氢气与空气流量的比例，使氢焰正常燃烧。检测器的使用温度要高于 100℃，否则 H_2 燃烧生成的水蒸气会在离子化室冷凝，导致漏电并使色谱基线不稳定，影响分析结果的准确性。

（5）氢焰离子化检测器内的喷嘴和收集极要经常清洗，以防产生的灰烬堵塞喷嘴或污染收集极，使检测器的灵敏度下降。

（杨　铭）

二、Agilent 1100 型高效液相色谱仪

（一）仪器外形

高效液相色谱仪由装流动相的溶剂瓶、使流动相流动的泵（一元泵，双元泵，四元泵）、进样器（手动和自动）、色谱柱、检测器（紫外 – 可见，蒸发光，电化学，示差折光）等组成。Agilent 1100 型高效液相色谱仪的外形见图 3 – 21。

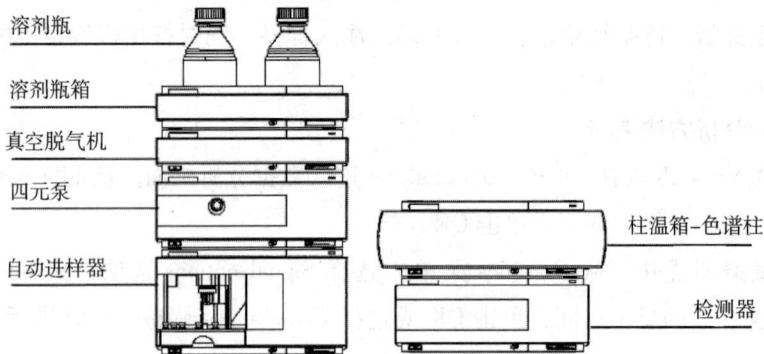

图 3 – 21　Agilent 1100 型高效液相色谱仪

（二）工作原理

高效液相色谱仪的系统由储液器、泵、进样器、色谱柱、检测器、记录仪等几部分组成。储液器中的流动相被高压泵打入系统，样品溶液经进样器进入流动相，被流动相载入色谱柱（固定相）内，由于样品溶液中的各组分在两相中具有不同的分配系数，在两相中作相对运动时，经过反复多次的吸附－解吸附的分配过程，各组分在移动速度上产生较大的差别，被分离成单个组分依次从柱内流出，通过检测器时，样品浓度被转换成电信号传送到记录仪，数据以图谱形式打印出来。

（三）使用方法

（1）流动相的配制与滤过。

（2）开机　打开计算机，进入 Windows 系统，CAG Bootp Server 程序将自动运行。打开 HPLC 1100 各模块电源，等仪器自检通过，并且与计算机通讯成功。

（3）打开 Purge 阀，并开启泵冲洗实验通道，至无气泡从废液管排出。

（4）关闭 Purge 阀，调出本次实验所需方法，保持泵继续工作，以实验初始的流动相冲洗、平衡柱子一段时间。

（5）基线稳定后可以进样分析。

（6）手动进样并切换进样阀。

（7）记录色谱峰的出峰时间和峰面积。

（8）管路及色谱柱的冲洗　每天分析工作结束后，先关检测器。如使用缓冲液或含盐溶液作为流动相，最好对管路、色谱柱及柱塞杆和柱塞杆密封圈的后部进行充分的冲洗。

对于常用的反相色谱柱，一般先以 10 倍于柱体积（对于 150mm 柱长的色谱柱，其柱体积约为 15ml）的低浓度（10%～20%）甲醇（或乙腈）水溶液冲洗，使色谱柱内的盐完全溶解洗脱出，再用较高浓度的甲醇（乙腈）－水溶液（50%）冲洗，最后用高浓度的甲醇/乙腈－水溶液（80%～100%）冲洗，使色谱柱中的强吸附物质冲洗出来，整个过程可与冲洗管路同时进行。冲洗完毕后，逐步降低流速至 0，关泵。

（9）关机操作　检测完后，并且色谱柱已充分冲洗完毕后，依次关闭检测器、高压输液泵、计算机、工作站的电源。作好使用登记。

（四）注意事项

（1）色谱柱使用前必须阅读说明书，注意适用范围，如 pH 范围、流动相类型等。

（2）流动相使用前必须过滤，不要使用多日存放的双蒸馏水。

（3）注意各流动相所剩溶液的容积设定，若设定的容积低于最低限会自动停泵。

（4）检测器的灯有使用寿命，一般在正式进样前 30min 开启，分析结束时立即关灯。

（杨　铭）

三、Pro210 高效液相色谱仪

（一）使用方法

1. 输液泵的主要操作

（1）设定流速　用英文标识为 FLOW 或 FLOW SET 的功能键，根据需要设定流速。

（2）设定最高限压　此功能键英文标识通常为 MAX，刻度标示范围一般为 0 ~ 400。此功能在于保护仪器，要求操作者设定一个数值，该数值通常高于正常柱前压，如仪器柱前压因某种原因（如堵塞等）升高达到该设定值，泵会自动停止。

（3）设定最低限压　英文标识通常为 MIN。此项功能也在于保护仪器，要求操作者设定一个数值，该数值通常低于正常柱前压，如仪器柱前压因某种原因（如泄漏等）下降到该设定值，泵会自动停止。

（4）泵启动与泵停止　泵启动与泵停止通常于一个功能键上，英文标识为 PUMP on off。完成上述设定后，按下此键，泵运转。完成分析工作后，再按下此键，泵停止运转。

2. 紫外检测器的主要操作

（1）设定波长　按英文标识为 WAVE 的按键设定。

（2）设定衰减　仪器往往配备有工作站或积分仪，允许输入的信号可高达 1V，一般不需此项设定。

（3）自动回零　英文标示为 AUTO ZERO，通常在进样前按下此键，使基线回零。

（4）标记　英文标示为 MARK。通常先将六通阀搬至充样位置（LOAD），用平头注射器注完样后，将六通阀搬至进样位置（INJECT），同时按下 MARK 键。MARK 键的功能是在记录仪上画一竖线，用于标识进样时刻。使用色谱工作站无需按动此键。

3. VARIAN 液相色谱的主要操作步骤

（1）打开电脑和泵及检测器的电源，进入电脑的主页面。

（2）在 Method 中设置运行程序，主要为泵、检测器的参数及整个程序的运行时间。

（3）启动紫外检测器。

（4）运行程序，待流动相在体系中平稳运行、基线稳定后开始用注射器进样。前后几次吸取量要稳定。

（5）待试样被成功分离，得到被分离的色谱峰后，程序结束后，方可手动停止程序及泵的运行。

（6）将色谱图在电脑上作峰高及峰面积等参数的分析和记录。

（二）注意事项

（1）流动相均需色谱纯度，水用 20M 的去离子水。脱气后的流动相要小心振动尽量不引起气泡。

（2）为节约灯能量，开机后需一定时间再开检测器。

（3）所有过柱子的液体均需严格的过滤。

（4）压力不能太大，最好不要超过 $150kg/cm^2$。

（5）因为缓冲试剂遇有机溶剂会结晶，有损色谱柱。所以，每次由有机相变流动相或流动相变有机相均需用蒸馏水清洗。

（刘佳维）

四、LC-20AT 型高效液相色谱仪

（一）仪器外形

本仪器主要是由输液系统、进样系统、色谱柱系统、检测系统和数据处理系统构成，外形结构示意图见图 3-22。

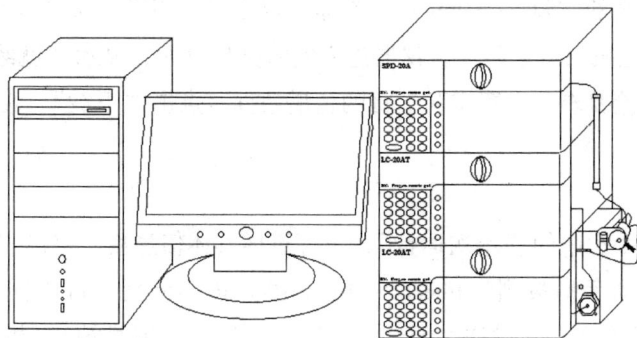

图 3-22　LC-20AT 型高效液相色谱仪

（二）工作原理

流动相 A 和流动相 B 分别在泵 A 和泵 B 的作用下进入混合池中混合，成为混合流动相。待测试液随着流动相进入色谱柱，通过色谱柱的分离成为各个组分。被分离出来的各个组分的浓度或质量信号经过检测器的转换，成为电信号，最后通过讯号记录和处理系统将谱图信息显示出来（图 3-23）。

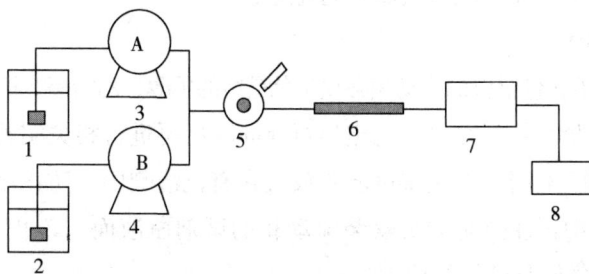

图 3-23　LC-20AT 型高效液相色谱仪工作原理图

1. 流动相 A；2. 流动相 B；3. 泵 A；4. 泵 B；5. 进样阀；

6. 色谱柱；7. 检测器；8. 废液系统；9. 讯号记录和处理系统

（三）使用方法

1. 开机准备

（1）流动相按要求用过滤装置过滤，超声脱气30min。

（2）待测样品用微孔滤膜过滤。

2. 开机

（1）打开泵A和泵B的电源开关，将排液阀逆时针旋转180°，按"Purge"键，"Remote"灯亮，液晶显示"Purging Line"，仪器开始自动排除气体；排气结束后，将排液阀顺时针旋转180°，按"Pump"键，"Pump"灯亮。

（2）打开检测器电源开关，仪器自检，自检结束后，打开电脑和显示器电源，进入桌面状态。

3. 方法设置

（1）双击桌面的"LC–Solution"图标，双击"分析"，仪器发出"嘀嘀"的声音，表明电脑和主机已经连接上，仪器进入实时分析页面，显示"就绪"状态。

（2）按照实验要求，设置实验运行的色谱条件，点击"下载"，慢慢提高流速至所需流速。

4. 样品检测

（1）点击助手栏中的"单次运行"，填好进样具体信息后，点击"确定"。

（2）将进样器手柄扳到"Inject"位置，插入进样针后，将进样器手柄向上扳至"Load"位置，推入样品（进样之前注意将进样针里的气泡排掉）。拔出进样针，快速将进样器手柄扳向"Inject"位置后，仪器开始自动分析。

5. 数据分析　进入"数据解析"，按照实验要求对实验数据进行处理。

6. 退出系统

（1）实验完成，编辑"梯度洗脱"程序，冲洗干净色谱柱，将泵A和泵B的流速慢慢降到0ml/min，退出实时运行程序，关闭电脑。

（2）关闭检测器、泵A和泵B的电源开关，拔掉插座插头。

（3）罩好仪器罩，如实填写实验运行记录。

（四）注意事项

（1）进入高效液相色谱仪的流动相必须是色谱纯的甲醇、乙腈等有机溶剂，水是超纯水。

（2）设置好实验参数，在仪器稳定运行30min后再进行相关实验操作。

（3）仪器长时间不用，应该将过滤头放置在有机溶剂中，防止滋生细菌。

（4）实验过程中，注意时刻观察装流动相的试剂瓶液面，禁止泵干抽液体，以免空气进入色谱柱后降低色谱柱的柱效。

（5）压力波动范围过大，可能是单向阀的流路堵了，需要将单向阀里的滤芯拆下来，分别用甲醇及水超声洗涤30min，以清除滤芯中的杂质。

（高赛男）

五、GCMS – QP2010S 气质联用分析仪

（一）仪器外形

气质联用分析仪是通过接口将气相色谱仪和质谱仪连接在一起，样品经过气相色谱的分离再进入质谱仪中分析的一种测试仪器，其外形结构见图 3 – 24。

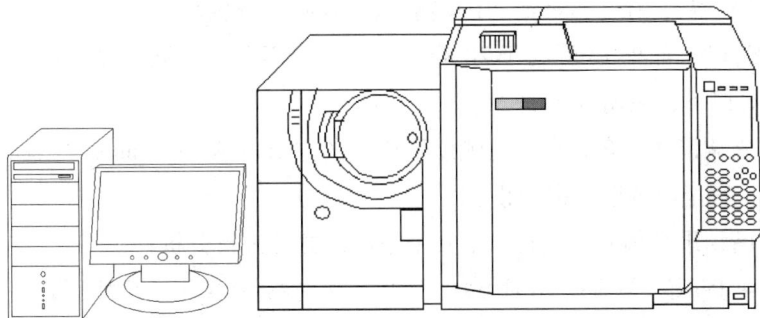

图 3 – 24　GCMS – QP2010S 气质联用仪

（二）工作原理

样品在载气的带动下，进入气相色谱仪，经过色谱柱的分离形成各个组分。各个组分通过接口，进入质谱仪中离子化，再进入质谱检测器中进行检测，最后通过计算机采集数据和数据处理，得到样品的检测结果。其工作示意图见图 3 – 25。

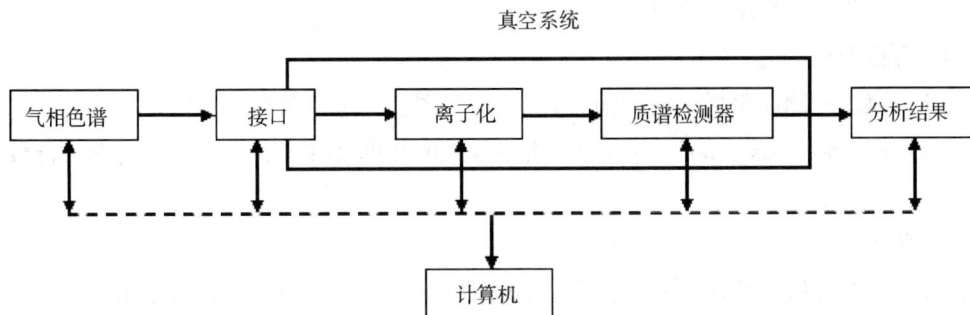

图 3 – 25　气质联用仪的工作示意图

（三）使用方法

1. 开机

（1）旋开氦气瓶压力表，调节分压表输入压力为 0.7 ~ 0.8MPa 之间。

（2）依次打开气相色谱、质谱仪和电脑电源开关。

2. 进入主菜单　双击"GCMS Real Time Analysis"图标，连机（正常时，机器有鸣叫声），进入主菜单窗口。单击左侧"System Configuration"，设定系统配置，无误后退出。

3. 启动真空泵

（1）单击左侧"Vacuum Control"图标，出现真空系统屏幕，再点击"Advanced"后，出现完整显示内容。

（2）在"Vent Valve"的灯呈绿色（即关闭）的前提下，启动机械泵"Rotary Pump"。

（3）若低压真空度小于 3×10^{-2} Pa，则单击"Auto Startup"，自动启动真空控制。

4. 调谐

（1）单击左侧的"Tuning"中的"Peak Monitor View"图标，在"Monitor"选项中选择"Water、Air"选项，将"Detector"电压设为 0.7KV（最低），然后在 m/z 中依次输入 18、28、42，在"Factor"中均输入适当的放大倍数。

（2）燃灯丝，如果 18 峰高于 28 峰，表示系统不漏气，同时观察高真空度，保证在 2×10^{-2} Pa 以下，关闭灯丝。

（3）建立调谐文件名，点击左侧助手栏中的"Start Auto Tuning"图标，计算机自动进行调谐，直至出调谐结果为止。

（4）调谐结果必须同时满足以下几个条件，方可进行分析：

① "Base Peak"必须是 18 或 69，不能是 28（28 为 N_2），否则为漏气。

②电压应小于 2.0KV。

③m/z 中 69、219、502 三个峰的 FWHM 最大差小于 0.1。

④ m/z 502 的 Ratio 值大于 2。

5. 样品测定

（1）单击助手栏中"Data Acquisition"中的"Sample Login"，登录样品信息。

（2）单击"Standby"，待 GC、MS 均变成绿色字体后，开始进样。进样后快速按下"Start"键，仪器开始检测。

6. 数据处理

（1）双击左侧助手栏中的"Data Analysis"图标，进入数据处理窗口。

（2）在"Data Explorer"窗口中双击要处理的数据文件名称，安实验要求进行数据处理。

7. 关机

（1）日常关机　选择实时分析窗口中的"Tool"菜单中的"Daily Shutdown"。

（2）单击助手栏中的"Vacuum control"中"Auto shutdown"，仪器自动降温，当离子源温度均降到 100℃ 以下时，自动停泵。

8. 退出程序　退出运行程序，依次关闭电脑、气相色谱和质谱仪的电源开关，关紧氮气瓶压力表阀门。

9. 记录　罩上仪器防尘罩，如实填写实验运行记录。

（四）注意事项

（1）仪器长时间不用的话，至少抽真空 24h 以上。

（2）仪器有两个灯丝，应该交换使用。

（3）仪器使用压力最高不要超过 0.9MPa，最低压力不能低于 0.7MPa。

（高赛男）

第八章 实验操作

实验一 用 pH 计测定溶液的 pH

【实验目的和要求】

1. 掌握 pH 计的测定原理。

2. 熟悉 pH 计测定溶液 pH 的操作。

3. 了解用 pH 标准缓冲溶液定位的意义和温度补偿装置的作用。

【实验原理】

比较精确的 pH 测量用直接电位法，根据能斯特公式，用酸度计测量电池电动势。这种方法常用 pH 玻璃电极为指示电极（接酸度计的负极），饱和甘汞电极为参比电极（接酸度计的正极），与待测溶液组成以下原电池：

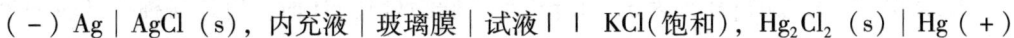

（ $-$ ）Ag｜AgCl（s），内充液｜玻璃膜｜试液Ⅰ‖ KCl(饱和)，Hg_2Cl_2（s）｜Hg（$+$）

此原电池的电动势为：$E = \varphi_甘 - \varphi_玻 = \varphi_甘 - \left(K - \dfrac{2.303RT}{F}pH \right) = K' + \dfrac{2.303RT}{F}pH$

式中 K' 受电极不同、溶液组成不同和电极使用时间长短等诸多因素的影响，不能准确测定或计算得到，所以在实际工作中，常采用"两次测量法"进行测定。在测量之前，需要对仪器进行校正。为适应不同温度下的测量，在用标准缓冲溶液定位前要进行温度补偿（将温度补偿旋钮调至溶液的温度处）。

【实验材料】

仪器：酸度计、复合电极、烧杯、温度计等。

试剂：标准缓冲溶液、待测水样。

【实验内容】

1. 安装电极 拔下仪器背后的保护端子，安上复合电极。

2. 打开仪器电源，预热 30min 左右。

3. 校正仪器

（1）测出标准缓冲溶液温度，调节仪器的温度补偿旋钮至该温度。

（2）用 pH 试纸初测样品试液的 pH。

（3）定位 将复合电极浸入 25℃时 pH 为 6.86 的标准缓冲溶液（温度为）中，用"定位"旋钮调至仪器示值为当前温度下标准缓冲溶液的 pH。

（4）斜率校正 将复合电极浸入另一种已知 pH 的标准缓冲溶液（若待测液为酸性，

则选用温度为 25℃时 pH 为 4.00 的标准缓冲溶液；若为碱性则选温度为 25℃时 pH 为 的 9.18 标准缓冲溶液）中，旋转斜率校正旋钮至仪器示值为当前温度下标准缓冲溶液 的 pH。

4. 待测试液 pH 的测定

（1）测出待测液温度，调节温度补偿按钮到待测液温度。

（2）将电极的玻璃球膜完全浸入待测溶液中，待显示屏读数稳定后，记录测定的 pH 数据。

【注意事项】

1. 每次更换标准缓冲液或供试液前，应用水充分洗涤酸度计的电极，然后将水吸 尽，也可用所换的标准缓冲液或供试液洗涤。

2. 复合电极下端是易碎玻璃球膜，使用和存放时，应安上电极套，防止与其他物 品相碰。

3. 定位（校准）所选标准缓冲液的 pH 应与待测液的 pH 尽量接近，一般不超过 3 个 pH 单位，以消除液接电位的影响；定位（校准）后不能再旋转定位（校准）按钮。

4. 测量电极使用前后都要清洗干净，放回盛有饱和 KCl 的溶液里。

【思考题】

1. 某中药口服液的 pH 约为 3，用 pH 计准确测量其 pH 时，应选何种标准缓冲溶 液进行"定位"及"斜率"操作？为什么？

2. pH 计能否测定有色或混浊液的 pH？

3. pH 计上的"温度"和"斜率"旋钮各起什么作用？

【相关实验】

［1］中华人民共和国药典. pH 值测定法［S］. 2010 年版二部.

［2］赵怀清. 用 pH 计测定溶液的 pH［M］. 分析化学实验指导. 北京：人民卫生 出版社，2010.

（高赛男）

实验二　磷酸的电位滴定

【实验目的和要求】

1. 掌握电位滴定法的基本操作、确定终点的方法及酸度计的使用方法。

2. 掌握测定磷酸电位滴定曲线及电势滴定法测定弱酸的 pKa。

3. 了解用电位滴定法测定 H_3PO_4 的 pKa$_1$ 及 pKa$_2$ 的方法。

【实验原理】

电位滴定法是根据滴定过程中计量点附近电池电动势或指示电极电位（或 pH）产 生突越，从而确定终点的一种分析方法。进行磷酸电位滴定的装置如下图，以玻璃电极为为指示电极（负极）、饱和甘汞电极为参比（正极），连接在 pH 计上，将两极置入磷酸试液中，复合电极可直接置入磷酸试液中，用 NaOH 标准溶液进行滴定，滴定装置安装示意图见图 3 - 26。

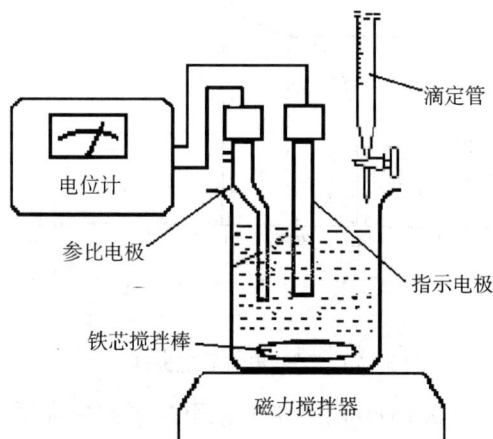

图 3 - 26　电位滴定装置安装示意图

以滴定中消耗的 NaOH 标准溶液的体积 V（ml）为横坐标，相应的溶液 pH 为纵坐标绘制磷酸的 pH - V 滴定曲线（图 3 - 27）。在曲线上有两个滴定突跃，第一滴定突跃 pH 为 4.0 ~ 5.0，第二滴定突跃 pH 范围为 9.0 ~ 10.0。化学计量点可用作图法求得，电位法绘制的 pH - V 滴定曲线不仅可以确定化学计量点，求算磷酸试样的浓度，而且还可以求算出 H_3PO_4 的离解平衡常数 K_{a1} 及 K_{a2}。为测得更准确的化学计量点，还可用 $\Delta pH / \Delta V - \bar{V}$ 曲线法及二阶微商内插法进行。

K_{a1} 及 K_{a2} 的求算方法为：磷酸是三元酸，用 NaOH 标准溶液滴定时，有两个滴定突跃，滴定反应如下：

$$H_3PO_4 + NaOH \Longrightarrow NaH_2PO_4 + H_2O$$

$$NaH_2PO_4 + NaOH \Longrightarrow Na_2HPO_4 + H_2O$$

当用 NaOH 标准溶液滴定至生成的 NaH_2PO_4 浓度和剩余 H_3PO_4 浓度相等时，即第一半中和点时，溶液中的氢离子浓度就等于离解平衡常数 K_{a1}：

$$K_{a1} = \frac{[H^+] [H_2PO_4^-]}{[H_3PO_4]}$$

第一半中和点时，$[H_3PO_4] = [H_2PO_4^-]$，所以 $Ka_1 = [H^+]$ 即 $pKa_1 = pH$，同理，第二半中和点对应的 pH 既为 pK_{a2}。在 pH - V 滴定曲线（图 3 - 27）上容易求得 K_{a1} 及 K_{a2}。

【实验材料】

仪器：酸度计、玻璃电极、饱和甘汞电极或复合 pH 电极、电磁搅拌器、碱式滴定管、烧杯、移液管。

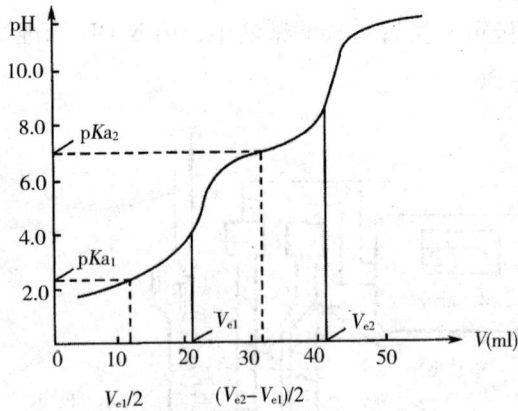

图 3 - 27 磷酸电位滴定曲线

试剂：NaOH 标准溶液（0.1mol/L）、邻苯二甲酸氢钾标准缓冲溶液（0.05mol/L，pH=4.01）、磷酸试样溶液（0.1mol/L）。

【实验内容】

1. 预热仪器，按照仪器使用说明安装电极，调节零点。用邻苯二甲酸氢钾标准缓冲溶液（0.05mol/L）较准 pH 计，洗净电极。

2. 精密量取磷酸样品溶液 10ml，置入 100ml 烧杯中，加蒸馏水 10ml，加入搅拌棒，插入玻璃电极和甘汞电极或复合电极，开启电磁搅拌器，在溶液不断搅拌下，用 NaOH 标准溶液（0.1mol/L）滴定。每加 2ml，记录 pH。在接近化学计量点（加入 NaOH 标准溶液引起溶液的 pH 变化逐渐增大），每次加入标准溶液的体积逐渐减小，在化学计量点前后时，每加入 2 滴（约 0.1ml），即记录 1 次 pH。每次加入的体积最好相等，这样在数据处理时较为方便。继续滴定至已过第二化学计量点为止。

3. 按 pH-V、$\Delta pH/\Delta V$ -$\bar{V}$ 法作图计算确定化学计量点，并计算磷酸溶液的确切浓度。

4. 由 pH-V 曲线找出第一个化学计量点前半中和点的 pH，以及第一和第二化学计量点间半中和点的 pH，计算磷酸的 K_{a_1} 及 K_{a_2}。

【注意事项】

1. 电极在溶液的深度应合适，搅拌磁子不能碰电极。

2. 注意观察化学计量点的到达，在计量点前后应等量小体积加入 NaOH 标准溶液。

【思考题】

1. 用 NaOH 标准溶液滴定磷酸溶液，在 pH-V 曲线上，为什么有两个滴定突越？

2. 通过实验的数据处理，说明为什么在化学计量点前后应等量地滴入小体积的 NaOH 标准溶液为好？

【相关实验】

［1］白玲，等．电位滴定法测定某弱酸的K_a值［M］．仪器分析实验．北京：化学工业出版社，2008.

［2］白玲，等．电位滴定法测定果汁中的可滴定酸［M］．仪器分析实验．北京：化学工业出版社，2008.

［3］中国科学技术大学化学与材料科学学院实验中心．工业碳酸钠生产的母液中Na_2CO_3、$NaHCO_3$含量的连续电位滴定［M］．仪器分析实验．合肥：中国科学技术大学出版社，2011.

（刘佳维）

实验三　用氟离子选择电极直接电位法测定牙膏中的氟含量

【实验目的和要求】

1. 掌握离子选择电极法测定水中氟离子浓度的原理及实验方法。
2. 熟悉标准曲线法和标准加入法及相关操作。
3. 了解牙膏中适量氟对人体牙齿的作用。

【实验原理】

氟电极以LaF_3单晶膜为F^-敏感膜电极。以氟离子选择电极为指示电极，饱和甘汞电极（SCE）为参比电极，一起插入试液中，组成原电池：

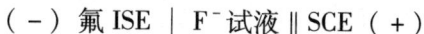

（－）氟 ISE ｜ F^-试液 ‖ SCE（＋）

此电动势E与溶液中的氟离子活度α_{F^-}呈 Nernst 响应，即：

$$E = K' + \frac{2.303RT}{F} \lg \alpha_{F^-}$$

$$E = K' + 0.059\lg\alpha_{F^-} \quad (25℃)$$

实际工作中，通常向标准溶液和待测溶液中加入总离子强度调节缓冲剂（TISAB），使测定体系的离子强度相一致，达到离子的活度系数基本相同，此时，离子的活度可用浓度代替，即：

$$E = K' + 0.059\lg c_{F^-}$$

电池电动势与离子浓度的对数成线性关系。测定氟离子所用的总离子强度调节缓冲剂，除了有消除活度系数影响的作用外，还可维持溶液的酸度恒定，防止OH^-及Al^{3+}、Fe^{3+}等离子的干扰。

【实验材料】

仪器：酸度计（或离子计）、氟离子选择电极、饱和甘汞电极、电磁搅拌器和磁芯搅棒、塑料小烧杯、10ml 和 50ml 移液管、2ml 和 5ml 吸量管、100ml 容量瓶、烧杯等。

试剂：

（1）氟标准贮备液（1.000×10^{-1}mol/L）：称取 NaF（120℃烘 1h）0.420g 溶于水中，转移至 100ml 容量瓶，用水定容至刻度，摇匀，贮于聚乙烯瓶保存。

（2）TISAB：取 57ml 冰乙酸，58gNaCl，12g 枸橼酸钠，加入到盛有 500ml 水的大烧杯中，搅拌溶解，慢慢加入 6mol/L NaOH 溶液（约 125ml）调节 pH 为 5.0~5.5（5.25 左右），冷至室温后，加水至 1L。

以上试剂，均为 AR 级，所用水均为去离子水。

【实验内容】

1. 仪器调试及氟电极检查 按仪器使用说明书调好仪器的指示刻度，连接氟电极和饱和甘汞电极，将两电极浸入去离子水中，在电磁搅拌下不断清洗电极，需多次更换去离子水，直至水中空白电位值符合电极出厂空白值指标。数值低于出厂空白值指标的氟电极，不能使用。

2. 标准溶液系列的配制 准确吸取 10.00ml 的 0.100mol/L NaF 溶液和 10ml 的 TISAB 液于 100ml 容量瓶中，加去离子水定容至刻度，摇匀。用逐级稀释法配制成浓度为 1.00×10^{-2}、1.00×10^{-3}、1.00×10^{-4}、1.00×10^{-5}、1.00×10^{-6}、1.00×10^{-7}、1.00×10^{-8}mol/L 的一系列标准溶液各 100ml，逐级稀释时需分别加入 9ml 的 TISAB。然后分别倒入 11 个小烧杯中（注意：小烧杯要润洗或使用干燥的烧杯）。

3. 标准曲线的绘制 由低浓度到高浓度依次测定 1.00×10^{-8} ~ 1.00×10^{-2}mol/L NaF 标准溶液的电动势 E（mV）值，在对数坐标纸上作 E - $\lg c_{F^-}$（mol/L）标准曲线或用 EXCEL 表格绘出 E - $\lg c_{F^-}$ 曲线的回归方程。

4. 牙膏中氟含量的测定 准确称取约 1g 的牙膏样品于小烧杯中，称量时用玻璃棒取，在天平上垫上称量纸，玻璃棒与烧杯一起称。用 10ml TISAB 溶液和去离子水分次将牙膏样品稀释后转移至 100ml 容量瓶中，用水定容至刻度（可能会有少量气泡）。定容后不盖塞子，超声震荡几分钟。按操作步骤用已清洗至空白值的电极测量电位，读数。

5. 实验结束 电极用水清洗至测得的电位值约为 +400mV（复原），洗净实验器具摆放整齐，关闭 pH 计和磁力搅拌器，搅拌磁子回收，通风橱收拾干净。擦干参比电极，帽子盖上。

6. 实验结果计算 用描点法将测定的数据回执的坐标纸上，绘制工作曲线，通过观察分段拟合线性方程：

（1）线性范围为 10^{-2} ~ 10^{-n} 时的线性方程为 $Y = b + ax$，记录相关系 r_1；

（2）线性范围为 10^{-n} ~ 10^{-8} 时的线性方程为 $Y = b + ax$，记录相关系数 r_2（方程中，x：$\lg c_{F^-}$；Y：电动势 E）。根据实验测定样品的电动势，选择适当线性范围，计算 c_{F^-}，并求出氟在牙膏中的质量百分含量。

【注意事项】

1. 测量时应由稀溶液至浓溶液进行。

2. 测量空白溶液的电位时，将电极在溶液中放置 5min 左右，使其适应缓冲溶液体系。

3. 绘制标准曲线时测定一系列标准溶液后，应将电极清洗至原空白电位值，然后再测定未知试液的电位值。

4. 测定过程中搅拌的速度应该恒定，电极不要碰到搅拌子，不要有气泡，避免放在漩涡中心。

5. 电极的平衡时间随氟离子浓度降低而延长。测定时，如果电位在 1min 变化不超过 1mV 时，即可读取平衡电位值。

【思考题】

1. 简述 TISAB 组成及各成分的作用？

2. 氟离子选择电极在使用时应注意哪些问题？

3. 电位测量时为什么要由稀溶液至浓溶液？

【相关实验】

[1] 中国科学技术大学化学与材料科学学院实验中心. 氟离子选择电极测定天然水中氟离子含量 [M]. 仪器分析实验. 合肥：中国科学技术大学出版社，2011.

[2] 陈媛梅，等. 氯离子选择电极测定水中氯 [M]. 分析化学实验. 北京：科学出版社，2012.

[3] 段科欣. 电位滴定法测定绿矾的含量 [M]. 仪器分析实验. 北京：化学工业出版社，2009.

[4] 王新宏. 氯离子选择性电极选择性系数的测定 [M]. 分析化学实验（双语教材）. 北京：科学出版社，2009.

（杨 铭）

实验四 永停滴定法标定碘溶液

【实验目的和要求】

1. 掌握永停滴定法的原理、操作、终点的确定。

2. 掌握永停滴定法标定 I_2 标准溶液浓度。

3. 了解安装永停滴定装置，正确连接线路。

【实验原理】

永停滴定法是将两只完全相同的铂电极插入待测试液中，在两电极间外加一小电压（10～200mV），根据可逆电对有电流产生，不可逆电对无电流产生的现象，通过观察滴定过程中电流变化情况确定滴定终点的方法。此法装置简单、操作简便、结果准确。

实验用 $Na_2S_2O_3$ 标准溶液标定 I_2 液，以永停法确定滴定终点。标定的化学反应过程与现象为：化学计量点前，$I_2 + 2S_2O_3^{2-} \rightleftharpoons S_4O_6^{2-} + 2I^-$，因为溶液中有 I_2/I^- 可逆电对存在，因此有电解电流通过两电极，随着滴定的进行，溶液中 I_2 浓度越来越小，电流也逐渐变小。化学计量点时，电流降至最低点。化学计量点后，由于溶液中仅有 $S_4O_6^{2-}/S_2O_3^{2-}$ 不可逆电对及 I^- 存在，无电解反应发生，电流不再变化。因此 $Na_2S_2O_3$ 标准溶液标定 I_2 液是以电流计突然下降为零并保持不再变动为滴定终点。

【实验材料】

仪器：永停滴定仪、铂电极（两只）、灵敏检流器、电磁搅拌器、电位计（或 pH 计）、1.5V 电池、5000 Ω 电阻、电阻箱（或 5000Ω 可变电阻）、酸式滴定管（10ml）。

试剂：$Na_2S_2O_3$ 标准溶液（0.01mol/L）、I_2 液（0.005mol/L）、KI（A. R.）。

【实验内容】

方法 1（自制永停滴定仪）

1. 永停滴定装置的安装 按图 3 – 28 永停滴定装置图所示部件进行链接，E、E′为铂电极，G 为灵敏检流计，B 为 1.5V 电池，R_1 为 5000Ω 电阻，R_2 为电阻箱。调节 R_2 可得所需外加电压。本实验外加电压约为 10 ~ 30mV，R_2 电阻值为 50 ~ 150Ω。

2. I_2 液的标定 精密吸取 5ml 待标定 I_2 液，置于 150ml 烧杯中再加 0.1g KI 和 55ml 水。在电磁搅拌下，用 $Na_2S_2O_3$ 标准溶液（0.01mol/L）滴定，每加 0.5ml 记录一次电流读数 I，当 I_2 液变为浅黄色时，表示已接近化学计量点，应小心滴定，每加 0.2ml 或 0.1ml，记录一次电流值，直至电流读数不再变化为止。

图 3 – 28 永停滴定装置图

3. 绘制 I – V 滴定曲线 从曲线上找出 V_{ep}，记录滴至化学计量点时消耗的 $Na_2S_2O_3$ 标准溶液体积，求出 I_2 标准溶液浓度。

方法 2（自动永停滴定仪）

1. 接通电源，仪器预热 30min，将极化电压调至 50mV，灵敏度为 10^{-9}，门限值为 60。

2. 在酸式滴定管中加入待标定 I_2 液，安装在自动永停滴定仪上，将电磁阀两头的胶管分别套入滴定管和滴管的接头上。

3. 按"快滴"键，调节电磁阀螺丝，使样液流下，赶走气泡。

4. 按"慢滴"键，调节电磁阀螺丝使滴定管每滴滴量为 0.02ml 左右。

5. 重新加满滴定管中标液，按"慢滴"键，使滴定管中标液刻度调到零刻度。

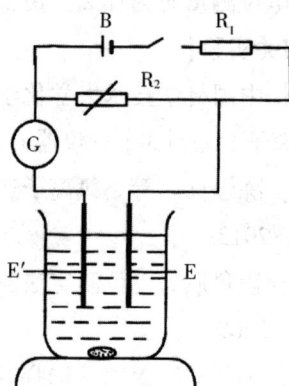

6. 精密吸取 10ml 0.01mol/L $Na_2S_2O_3$ 溶液，置于 100ml 烧杯中，用水稀释到 60ml，加入磁搅拌子，将烧杯置磁力搅拌器上，打开搅拌器开关，调整搅拌速度，并将待测液混匀。

7. 按"滴定开始"按钮，仪器开始自动滴定。当仪器指针超过门限值 1′30″仍不返回门限值以下时为滴定终点。此时报警器报警，"终点"指示灯亮。

8. 按"复零"键，记录滴定管上的刻度读数，将滴定管及电极冲洗干净。

【注意事项】

1. 自装的永停滴定装置，实验前应仔细检查线路连接是否正确，接触是否良好，检流计灵敏度是否合适。

2. 实验前，可用电位计（或 pH 计）测量外加电压，本实验外加电压为 10 ~ 30mV，一经调好，实验过程中不可再变动。

3. 铂电极在使用前需进行活化处理，方法是将铂电极插入含少量 $FeCl_3$ 的浓 HNO_3 中（1 滴 $FeCl_3$ 试液：10ml 浓 HNO_3），浸泡 0.5h 以上，注意铂电极不应触及器皿底部，以免弯折损坏。

4. 实验结束时，要将检流计电源及永停滴定装置的电键断开，检流计置短路。

【思考题】

1. 按本实验条件，若需 25mV 外加电压，则可变电阻 R_2 应为多少欧姆？

2. 实验中，你将如何判断滴定终点？

3. I_2 液在标定时为什么烧杯中要加 0.1g KI？

【相关实验】

[1] 赵国丁. 永停滴定法测定磺胺嘧啶的含量 [M]. 医药用化学实验. 北京：北京大学医学出版社，2009 年.

[2] 赵国丁. 永停滴定法测定磺胺类药物 [M]. 医药用化学实验. 北京：北京大学医学出版社，2009 年.

（刘佳维）

实验五　对氨基苯磺酸的重氮化滴定（永停滴定法）

【实验目的和要求】

1. 掌握永停滴定法的基本操作。

2. 熟悉重氮化滴定中永停滴定法的原理。

3. 了解永停滴定仪的基本构造和工作原理。

【实验原理】

对氨基苯磺酸是具有芳伯氨基的药物，它在酸性溶液中可与亚硝酸钠定量完成重氮化反应而生成重氮盐，反应如下：

$$ArNH_2 + NaNO_2 + 2HCl \Longrightarrow [Ar-N\equiv N]Cl + NaCl + 2H_2O$$

等当点后，溶液中稍过量的亚硝酸及其分解产物 NO 在有数十毫伏外加电压的两个铂电极上有如下电极反应：

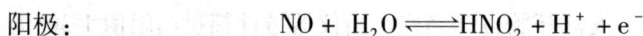

阳极：$NO + H_2O \Longrightarrow HNO_2 + H^+ + e^-$

阴极：$HNO_2 + H^+ + e^- \Longrightarrow NO + H_2O$

因此在等当点时，滴定电池中由原来无电流通过而变为有一定的电流通过。

【实验材料】

仪器：永停滴定仪、电磁搅拌器、铂电极两个（每次用新鲜配制的含少量 $FeCl_3$ 的硝酸煮沸浸泡 30min）、滴定管（用细长塑料管接长滴定管尖）。

试剂：$0.1mol/L$ $NaNO_2$ 标准溶液、对氨基苯磺酸样品、盐酸（1:2）。

【实验内容】

1. 开电源将极化电压调至 50mV，灵敏度为 10^{-9}，门限值为 60。在滴定管中加入 $0.1mol/L$ $NaNO_2$ 溶液，装在滴定仪上，将电磁阀门盖打开，排气泡，调节滴定速度为 0.02ml/次，为线状并按慢滴开关调滴定管。

2. 精密称取对氨基苯磺酸 0.25~0.3g 四份于 100ml 烧杯中，加蒸馏水 25ml，浓氨水 3ml 溶解后，再加盐酸（1:2）20ml，打开电磁搅拌，将电极插入待测液中，将滴定管的尖端深入液面下约 2/3 处，由手动转为自动快滴开关，用 $0.1mol/L$ $NaNO_2$ 溶液滴定，至近终点时，将滴定管的尖端提出液面，用少量蒸馏水洗涤尖端，洗液并入溶液中，继续缓缓滴定，直至检流计发生明显的偏转，不再回复，待红灯亮即达终点。记录所用 $0.1mol/L$ $NaNO_2$ 溶液的体积，按下式计算对氨基苯磺酸的百分含量。

$$对氨基苯磺酸\% = \frac{C_{NaNO_2} \times V_{NaNO_2} \times M_{对氨基苯磺酸}}{m_{样品} \times 1000} \times 100\% \quad (M_{对氨基苯磺酸} = 173.20g/mol)$$

3. 用少量蒸馏水洗涤尖端和电极，调节滴定管刻度，重复上述实验。

【注意事项】

1. 将滴定管尖端插入液面 2/3 处进行滴定，是一种快速滴定法。

2. 重氮化温度应在 15~30℃，以防重氮盐分解和亚硝酸逸出。

3. 重氮化反应须以盐酸为介质，因在盐酸中反应速度快，且芳伯胺的盐酸盐溶解度大。在酸度为 1~2mol/L 下滴定为宜。

4. 近终点时，芳伯胺浓度较稀，反应速度减慢，应缓缓滴定，并不断搅拌。

5. 永停仪铂电极易钝化，应常用浓硝酸（加 1~2 滴三氯化铁试液）温热活化。

【思考题】

1. 通过实验，比较永停滴定法的优缺点。

2. 滴定中如用过高的外加压会出现什么现象？

【相关实验】

[1] 中华人民共和国药典. 磺胺醋酰钠 [S]. 2010 年，二部：1147.

［2］全英花，等．永停滴定法测定盐酸丁卡因含量［J］．中国药师，2008，11（7）：820．

（杨　铭）

实验六　作图法测定 Fe^{3+}/Fe^{2+} 电对的条件电位

【实验目的和要求】

1. 掌握用作图法测定电对条件电位的方法及操作。

2. 熟悉实验装置的连接方法。

3. 了解电对条件电位的物理意义及用途。

【实验原理】

条件电位（conditional potential）是氧化还原反应的一个重要的物理量，它是在一定介质条件下，电对的氧化态和还原态的分析浓度都为 $1mol/L$ 时（或氧化型和还原型的分析浓度之比为1）的电位，通常用符号 $\varphi^{\ominus}{}'$ 表示。

条件电位 $\varphi^{\ominus}{}'$ 随所存在介质的浓度与性质有相当大的不同，它合并了活度系数、酸碱的离解、络合作用等各种影响。因而它比标准电位更符合实际的情况。当使用 $\varphi^{\ominus}{}'$ 值时出现在 Nernst 方程中的浓度应使用分析浓度。

测定 $\varphi^{\ominus}{}'$ 可以采用不同的方法，本实验采用图解法（图 3 - 29）。这种方法可以克服个别电位测量不准或偏离 Nernst 方程所产生的误差。

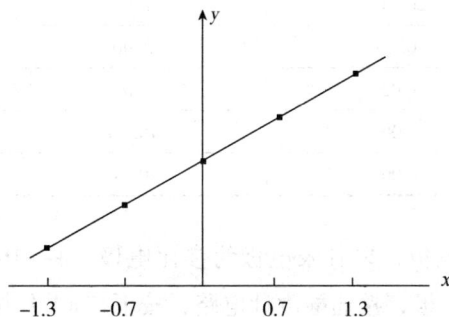

图 3 - 29　Fe^{3+}/Fe^{2+} 电对的条件电位图

本实验测定的是 Fe^{3+}/Fe^{2+} 电对在 $0.5mol/L$ HCl 溶液中的条件电位。假设 Fe^{3+}、Fe^{2+} 的分析浓度为 $C_{Fe^{3+}}$、$C_{Fe^{2+}}$，将它们代入 Nernst 方程：

$$\varphi_{Fe^{3+}/Fe^{2+}} = \varphi^{\ominus}{}'_{Fe^{3+}/Fe^{2+}} + \frac{2.303RT}{nF}\lg\frac{c_{Fe^{3+}}}{c_{Fe^{2+}}}$$

$$E = \varphi_+ - \varphi_- = \varphi_{Fe^{3+}/Fe^{2+}} - \varphi_{甘汞} = \varphi^{\ominus}{}'_{Fe^{3+}/Fe^{2+}} + \frac{2.303RT}{nF}\lg\frac{c_{Fe^{3+}}}{c_{Fe^{2+}}} - \varphi_{甘汞}$$

令：$Y = E$，$b = \varphi^{\ominus}{}'_{Fe^{3+}/Fe^{2+}} - \varphi_{甘汞}$，$m = \frac{2.303RT}{nF}$，$x = \lg\frac{c_{Fe^{3+}}}{c_{Fe^{2+}}}$

则：上述方程可表示为：$Y = b + mx$（线性方程），$\lg \dfrac{c_{Fe^{3+}}}{c_{Fe^{2+}}}$ 为已知，E 值可从实验测得值求出。若以 $\lg \dfrac{c_{Fe^{3+}}}{c_{Fe^{2+}}}$ 为横坐标，E 为纵坐标，作出一条直线（如上图所示），当 $\lg \dfrac{c_{Fe^{3+}}}{c_{Fe^{2+}}} = 0$ 时，即 $Y = b = \varphi^{\ominus \prime}{}_{Fe^{3+}/Fe^{2+}} - \varphi_{甘汞}$。可求得 $\varphi^{\ominus \prime}{}_{Fe^{3+}/Fe^{2+}}$，直线的斜率为 $\dfrac{2.303RT}{nF}$。

【实验材料】

试剂：$Fe(NH_4)_2(SO_4)_2 \cdot 6H_2O$、$FeNH_4(SO_4)_2 \cdot 12H_2O$、$HCl$ 0.5mol/L。

仪器：pH 计（电位计）、铂电极、222 型饱和甘汞电极。

【实验内容】

1. 分别称出 25mmol $Fe(NH_4)_2(SO_4)_2 \cdot 6H_2O$（分子量 392.2g/mol）和 25mmol $FeNH_4(SO_4)_2 \cdot 12H_2O$（分子量 482.2g/mol），每份称准至 0.1g，分别用 0.5mol/L HCl 溶解，并转移至 2 只 250ml 容量瓶中，用 0.5mol/L HCl 稀释至刻度。计算每份溶液的浓度。

2. 分别用 Fe^{3+}、Fe^{2+} 溶液润洗移液管后，按下表所示数量分别加入编好号码的五只小烧杯中。用量筒加入 0.5mol/L HCl。

烧杯编号	加入 Fe^{3+} 溶液（ml）	加入 Fe^{2+} 溶液（ml）	加入 0.5mol/L HCl（ml）
1	20.00	1.00	14
2	10.00	2.00	23
3	5.00	5.00	25
4	2.00	10.00	23
5	1.00	20.00	14

3. 以铂电极为指示电极，以甘汞电极为参比电极，将铂电极接酸度计"+"极，甘汞电极接酸度计"−"极，接通酸度计电路，按下"mV"按键。

4. 小心用蒸馏水清洗电极，用滤纸片吸干电极上的水珠，按顺序分别测定每个溶液的电动势，应让电极与溶液接触最少达 30s 后准确读出电动势的数值。

5. 以 $\lg \dfrac{c_{Fe^{3+}}}{c_{Fe^{2+}}}$ 为横坐标，以电动势（E）值为纵坐标，作图求出电对的 $\varphi^{\ominus \prime}{}_{Fe^{3+}/Fe^{2+}}$ 值，并求曲线的斜率。

【注意事项】

1. 亚铁能被空气缓慢氧化，所以称好样品后应立即溶解于 0.5mol/L HCl 中，迅速移入容量瓶中，称样时应注意亚铁盐试剂是否已被氧化而发黄。

2. 比较精确的测定，应将 0.5mol/L HCl 的浓度加以标定，所用的酸度计亦应加以校正。

3. 注意在测定每个试液时，应用玻璃棒充分搅拌，在搅拌下一个溶液之前，应将搅拌棒用水漂洗、擦干。

4. 条件电位不像标准电位那样是一个严格的常数，许多教材所引用的数据由于测定方法和资料来源不同而存在一定的差异，$\varphi^{\ominus\prime}_{Fe^{3+}/Fe^{2+}}$ 值在 0.5mol/L HCl 中约为：0.65 ~ 0.72V，由于测定方法和测定条件等问题，所测得的曲线斜率也常偏低。

【思考题】

1. 从酸度计读得的电位值是否就是电对 Fe^{3+}/Fe^{2+} 的条件电位？

2. 当 Fe^{3+} 溶液为 20.00ml，Fe^{2+} 溶液为 1.00ml 时。试用实验值以计算的方法求出此时的电位。

3. 在测定时，如果在电极上仍留有一些测定的溶液有何影响？如果加入 0.5mol/L HCl 的体积不很准确或电极上的蒸馏水未吸干，各有什么影响？

4. 电对并不包含 H^+ 离子，但是所测的条件电位却与作为介质酸的浓度及介质有关该如何理解？

【相关实验】

[1] 王爱丽. 关于条件电位的定义和应用 [J]. 大学化学，1994，9（4）：55.

[2] 赖晓绮，等. 氧化还原平衡中条件电位的计算 [J]. 赣南师范学院学报，2000，6：65.

（杨 铭）

实验七 工作曲线法测定 $KMnO_4$ 的含量

【实验目的和要求】

1. 掌握工作曲线法测定待测物质含量的原理和计算。

2. 熟悉紫外可见分光光度计的构造和使用。

3. 了解工作曲线的绘制及分析过程。

【实验原理】

根据 Lambert – Beer 定律，当平行单色光通过均一稀溶液时，吸光度（A）与吸光物质的浓度和厚度成正比，即：$A = Elc$。当测定物质、测定波长、比色皿厚度、溶剂、仪器等条件固定不变时，吸光度与浓度成简单的正比例关系：$A = K$ 电对条件电位的测定 c。

工作曲线法的具体做法是：先配制一系列浓度不同的标准溶液（或称对照品溶液），在测定条件相同的情况下，分别测定其吸光度。然后以浓度为横坐标，以相应的吸光度为纵坐标，绘制 $A - c$ 工作曲线（在电脑上进行线性拟合），得到线性方程。在相同测定条件下测出待测溶液的吸光度，代入线性方程求出浓度 c。

【实验材料】

仪器：可见分光光度计、比色皿、容量瓶50ml×6个、移液管、洗耳球。

试剂：高锰酸钾标准品、高锰酸钾试样。

【实验内容】

1. 标准溶液的制备 取干燥至恒重的高锰酸钾标准品，精密称取0.3g，用蒸馏水完全溶解后转移至1000ml容量瓶中，加蒸馏水至刻度摇匀，备用。

2. 工作曲线的绘制 精密吸取高锰酸钾标准溶液0.00ml、2.00ml、4.00ml、6.00ml、8.00ml、10.00ml分别置于六个50ml容量瓶中，用蒸馏水稀释至刻度摇匀，即得每毫升溶液中含$KMnO_4$ 0.000mg、0.012mg、0.024mg、0.036mg、0.048mg、0.060mg，在525nm处测定其吸收度（A）值，以A值为纵坐标，浓度c为横坐标，绘制工作曲线。

3. 未知液中$KMnO_4$测定 精密称取样品$KMnO_4$约0.3g，置于小烧杯内，加少量蒸馏水使之完全溶解后转入1000ml容量瓶中，加蒸馏水至刻度摇匀，在525nm处测定其吸收度，从工作曲线上找出试液中$KMnO_4$的含量，并计算原样品中含$KMnO_4$的量。

【注意事项】

1. 在配制标准系列溶液时一定要准确，这是这个实验的关键。

2. 测定时，如使用多个比色皿，则要求比色皿的透光率要一致，不一致时应逐个测定其吸光度，并作好记录，测定后从测定结果中扣除。

【思考题】

1. 工作曲线法适用何种情况？

2. 从本实验的结果看，能否用标准对照法？

【相关实验】

［1］王亦军，等. 紫外分光光度法测定苯甲酸离解常数pKa［M］. 北京：化学工业出版社，2009.

［2］中华人民共和国药典. 盐酸二甲双胍片［S］. 2010年版二部：625.

［3］段科欣. 尿素中缩二脲含量的测定（硫酸铜法）［M］. 仪器分析实验. 北京：化学工业出版社，2009.

（杨 铭）

实验八 邻二氮菲分光光度法测定铁的含量

【实验目的和要求】

1. 掌握邻二氮菲分光光度法测定微量铁的方法原理和分光光度计的使用方法。

2. 熟悉吸收曲线及标准曲线的绘制和数据处理的基本方法。

3. 了解确定实验条件的方法。

【实验原理】

根据朗伯-比耳定律：$A = Elc$，当入射光波长 λ 及光程 l 一定时，在一定浓度范围内，有色物质的吸光度 A 与该物质的浓度 c 成正比。只要绘出以吸光度 A 为纵坐标，浓度 c 为横坐标的标准曲线，测出试液的吸光度，就可以由标准曲线查得对应的浓度值，即未知样的含量。同时，还可应用相关的回归分析软件，将数据输入计算机，得到相应的回归方程及分析结果。

用分光光度法测定试样中的微量铁，可选用显色剂邻二氮菲（又称邻菲罗啉），邻二氮菲分光光度法是化工产品中测定微量铁的通用方法，在 pH 为 2~9 的溶液中，邻二氮菲和二价铁离子结合生成红色配合物：

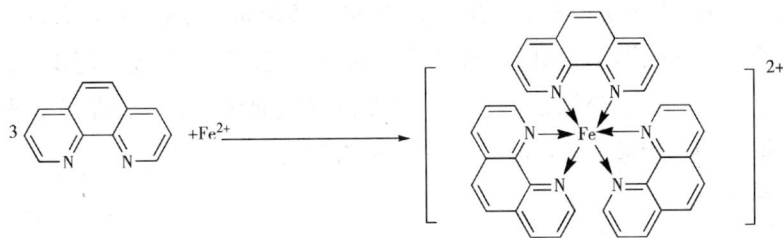

此配合物的 $\lg K_{稳} = 21.3$，摩尔吸光系数 $\varepsilon_{510} = 1.1 \times 10^4$ L/（mol·cm），而 Fe^{3+} 能与邻二氮菲生成 3:1 配合物，呈淡蓝色，$\lg K_{稳} = 14.1$。所以在加入显色剂之前，应用盐酸羟胺（$NH_2OH \cdot HCl$）将 Fe^{3+} 还原为 Fe^{2+}，其反应式如下：

$$2Fe^{3+} + 2NH_2OH \cdot HCl \rightarrow 2Fe^{2+} + N_2 + H_2O + 4H^+ + 2Cl^-$$

测定时酸度高，反应进行较慢；酸度太低，则离子易水解。本实验采用 HAc-NaAc 缓冲溶液控制溶液 pH≈5.0，使显色反应进行完全。

为测定待测溶液中铁元素含量，需首先绘制标准曲线，根据标准曲线中不同浓度铁离子引起的吸光度的变化，对应实测样品引起的吸光度，计算样品中铁离子浓度。

本方法的选择性很高，相当于含铁量 40 倍的 Sn^{2+}、Al^{3+}、Ca^{2+}、Mg^{2+}、Zn^{2+}、SiO_3^{2-}；20 倍的 Cr^{3+}、Mn^{2+}、VO_3^-、PO_4^{3-}；5 倍的 Co^{2+}、Ni^{2+}、Cu^{2+-} 等离子不干扰测定。但 Bi^{3+}、Cd^{2+}、Hg^{2+}、Zn^{2+}、Ag^+ 等离子与邻二氮菲作用生成沉淀干扰测定。

【实验材料】

仪器：可见分光光度计、酸度计；容量瓶（50ml、100ml、500ml、1000ml）；吸量管（2ml、5ml、10ml）；比色皿、洗耳球。

试剂：硫酸铁铵（A.R.）、HCl 溶液（6mol/L）、盐酸羟胺（10%，新鲜配制）、邻二氮菲（0.15%，新鲜配制）、HAc-NaAc 缓冲溶液（pH≈5.0）、100μg/ml 铁标准溶液、10μg/ml 铁标准溶液。

附：（1）HAc-NaAc 缓冲溶液（pH≈5.0）：称取 136g 醋酸钠，加水使之溶解，在其中加入 120ml 冰醋酸，加水稀释至 500ml；

（2）100μg/ml 铁标准溶液：准确称取 0.8634g 铁盐 $NH_4Fe(SO_4)_2 \cdot 12H_2O$，置于

烧杯中，加入 20ml 6mol/L HCl 溶液和少量水，溶解后，定量转移至 1000ml 容量瓶中，加水稀释至刻度，充分摇匀，得 $100\mu g/ml$ 储备液。

【实验内容】

1. $10\mu g/ml$ 铁标准溶液配制：用移液管吸取上述 $100\mu g/ml$ 铁标准溶液 10.00ml，置于 100ml 容量瓶中，加入 2.0ml 6mol/L HCl 溶液，用水稀释至刻度，充分摇匀。

2. 邻二氮菲 – Fe^{2+} 吸收曲线的绘制：用吸量管吸取铁标准溶液（$10\mu g/ml$）6.0ml，放入 50ml 容量瓶中，加入 1ml 10% 盐酸羟胺溶液，2ml 0.15% 邻二氮菲溶液和 5ml HAc – NaAc 缓冲溶液，加水稀释至刻度，充分摇匀。放置 10min，选用 1cm 比色皿，以试剂空白（即在 0.0ml 铁标准溶液中加入相同试剂）为参比溶液，选择 450 ～ 550nm 波长，每隔 10nm 测一次吸光度，其中 500 ～ 520nm 之间，每隔 5nm 测定一次吸光度，在 505 ～ 515nm 之间，每隔 2nm 测定一次吸光度。以所得吸光度 A 为纵坐标，以相应波长 λ 为横坐标，在坐标纸上绘制 A 与 λ 的吸收曲线。从吸收曲线上选择测定 Fe 的适宜波长，一般选用最大吸收波长 λ_{max} 为测定波长。

数据记录如下：

λ（nm）	450	460	470	480	490	500	505	507	509	510
A										
λ（nm）	511	513	515	520	530	540	550			
A										

3. 标准曲线（工作曲线）的绘制 用吸量管分别移取铁标准溶液（$10\mu g/ml$）0.00ml、1.0ml、2.00ml、3.00ml、4.00ml、5.00ml 于 6 个 50ml 容量瓶中，依次加入 1ml 10% 盐酸羟胺溶液（稍摇动）、2.0ml 0.15% 邻二氮菲溶液及 5ml HAc – NaAc 缓冲溶液，加水稀释至刻度，充分摇匀。放置 10min，用 1cm 比色皿，以试剂空白（即在 0.00ml 铁标准溶液中加入相同试剂）为参比溶液，选择 λ_{max} 为测定波长，测量各溶液的吸光度。在坐标纸上（亦可利用计算机软件绘图），以含铁量为横坐标，吸光度 A 为纵坐标，绘制标准曲线。

4. 试样中铁含量的测定 从实验教师处领取含铁未知液一份，放入 50ml 容量瓶中，按以上方法显色，并测其吸光度。此步操作应与系列标准溶液显色、测定同时进行。

依据试液的 A 值，从标准曲线上即可查得其浓度，最后计算出原试液中含铁量（以 $\mu g/ml$ 表示）。并选择相应的回归分析软件，将所得的各次测定结果输入计算机，得出相应的分析结果。

5. 数据处理要求

（1）绘制邻二氮菲 – Fe^{2+} 吸收曲线，确定最大吸收波长 λ_{max}。

（2）绘制标准曲线（或求出回归方程）。

（3）根据试样测定的数据，从标准曲线上查得或由曲线方程求得未知溶液中 $C_{Fe^{2+}}$ 的值（μg/ml）和铁含量的值。

【注意事项】

1. 测定过程中，不要将参比溶液拿出试样室，应将其随时推入光路以检查吸光度零点是否变化。如不为"0.000"，应将测定模式置于"T"档，用 100% 键调至"100.0"，再将测定模式置于"A"。

2. 为了避免光电管长时间受光照射引起的疲劳现象，应尽可能减少光电管受光照射的时间，不测定时应打开暗室盖，特别应避免光电管受强光照射。

3. 使用前若发现仪器上所附硅胶管已变红应及时更换硅胶。

4. 比色皿盛取溶液时只需装至比色皿的 3/4 即可，不要过满，避免在测定的拉动过程中溅出，使仪器受湿、被腐蚀。

5. 若大幅度调整波长，应稍等一段时间再测定，让光电管有一定的适应时间。

6. 每台仪器所配套的比色皿，不能与其他仪器上的比色皿单个调换。

7. 仪器上各旋钮应细心操作，不要用劲拧动，以免损坏机件。若发现仪器工作异常，应及时报告指导教师，不得自行处理。

【思考题】

1. 用本法测出的铁含量是否为试样中 Fe^{2+} 含量？

2. 邻二氮杂菲分光光度法测定铁时，为何要加入盐酸羟胺溶液？

3. 吸收曲线与标准曲线有何区别？在实际应用中有何意义？

4. 制作标准曲线和试样测定时，加入试剂的顺序能否任意改变？为什么？

【相关实验】

［1］张剑荣，等．紫外－可见分光光度法测定番茄中维生素 C 含量［M］．仪器分析实验．北京：科学出版社，2009.

［2］赵怀清．工作曲线法测定水中的铁［M］．分析化学实验指导．北京：人民卫生出版社，2012.

［3］苏克曼，张济新．过硫酸铵氧化法光度测定黄铜中的微量锰［M］．仪器分析实验（第二版）．北京：高等教育出版社，2005.

（高赛男）

实验九　维生素 B_{12} 注射液的定性分析和含量测定（吸收系数法和对照法）

【实验目的和要求】

1. 掌握紫外－可见分光光度计的定量和定性操作方法。

2. 熟悉用吸收系数法和对比法测定物质含量的原理和方法，会计算标示量的百分含量等。

3. 了解分光光度计的结构。

【实验原理】

维生素 B_{12} 是含有 Co 的有机化合物，为深红结晶或结晶性粉末，其注射液为 1ml 含维生素 B_{12} 100μg 及 500μg 两种规格，在 (278 ± 1)nm、(361 ± 1)nm、(550 ± 1)nm 波长处有最大的吸收。

《中华人民共和国药典》1977 年版规定，按照其注射液的含量测定方法，在最大吸收波处长测得的吸收度与 48.3 相乘，即得标示量的百分含量。亦可利用维生素 B_{12} 在 550nm 波长处最大吸收，用紫外可见分光光度计测定对照品及样品的吸收度，用对照法测量含量。

【实验材料】

仪器：紫外－可见分光光度计、比色杯、容量瓶 50ml×6 个、移液管、洗耳球。

试剂：维生素 B_{12} 样品（标示量为 25.0μg/ml）、维生素 B_{12} 对照品、维生素 B_{12} 注射液。

【实验内容】

1. 定性鉴别 精密量取维生素 B_{12} 注射液适量，加水定量稀释成 1ml 含维生素 B_{12} 25μg 的溶液，在 (361 ± 1)nm 与 (278 ± 1)nm 处测得的吸光度比值应为 1.70~1.88；在 (361 ± 1)nm 与 (550 ± 1)nm 处测得的吸光度比值应为 3.15~3.45，即为合格。

$$\frac{E_{1cm}^{1\%}(361nm)}{E_{1cm}^{1\%}(278nm)}=\frac{A_{361nm}}{A_{278nm}}=\qquad （规定为 1.70~1.88）$$

$$\frac{E_{1cm}^{1\%}(361nm)}{E_{1cm}^{1\%}(550nm)}=\frac{A_{361nm}}{A_{550nm}}=\qquad （规定为 3.15~3.45）$$

2. 定量分析

（1）紫外分光光度法（吸收系数法）

取标示量为 25.0 μg/ml 的维生素 B_{12} 样品，在 (361 ± 1)nm 处测定吸光度，维生素 B_{12} 的吸光系数（$E_{1cm}^{1\%}$）按 207 计算，即可求得样品的含量。

结果计算：计算注射液稀释几倍后的溶液每 ml 中所含维生素 B_{12} 的μg 数、计算时利用标准维生素 B_{12} 的吸收系数作比较，B_{12} 的 $E_{1cm}^{1\%}361nm=207$，测定此值时，其浓度单位为 g/100ml，现在欲测定的样品浓度单位为μg/ml，所以在比较计算时，必须将浓度换算为μg/ml，即：

$$A=E_{1cm}^{1\%}lc$$

$$c=\frac{A}{E_{1cm}^{1\%}l}=\frac{A}{207}（g/100ml）$$

$$c_{样品}=\frac{A}{E_{1cm}^{1\%}l}=\frac{A\times10^6\times10^{-2}}{207}=A\times48.31（μg/ml）$$

若被测定的维生素 B_{12} 注射液的标示量为 25.0 μg/ml，则计算标示量% 为：标示量% $= A \times \dfrac{48.31}{25.0} \times 100$。

（2）可见分光光度法（对照法）

在 550nm 波长处，以溶剂蒸馏水为空白，分别测定对照品和样品的吸收度，按下述方法计算样品的浓度。

设 A_s 及 A_x 分别代表对照品及样品在 550nm 处测得的吸收度，则根据对照法计算。

$$\frac{A_s}{A_x} = \frac{E c_s l}{E c_x l}$$

$$c_x = \frac{A_X}{A_s} c_s$$

【注意事项】

1. 用对照法进行 B_{12} 的含量测定，要求工作曲线过原点（即：物质对光的吸收完全符合朗伯比尔定律）。

2. A_s 和及 A_x（或 c_s 和 c_x）要相近，否则误差很大。

3. 对照液的温度与测定液的温度要相同。

4. 吸收系数要已知，未知时要先测定吸收系数。

【思考题】

1. 在用紫外光光度法测定时，如果取注射液 2ml 用蒸馏水稀释 30 倍，在 361nm 处测得 A 值为 0.698，试计算此 B_{12} 注射液每 1ml 含 B_{12} 多少 g，如果每 1ml 标示量为 500μg，则标示量% 为多少？

2. 应用对比法还可以如何测定和计算？

【相关实验】

［1］韩喜江．紫外光谱法测定工业蒽醌的纯度［M］．现代仪器分析实验．哈尔滨：哈尔滨工业大学出版社，2008.

［2］严拯宇．紫外吸收光度法鉴别和测定维生素 B_{12} 注射液［M］．分析化学实验与指导（双语教材）．北京：中国医药科技出版，2009.

［3］赵怀清．维生素 B_{12} 吸收光谱的绘制及其注射液的鉴别和测定［M］．分析化学实验指导．北京：人民卫生出版社出版，2012.

（高金波）

实验十 双波长分光光度法测定安钠咖注射液的含量

【实验目的和要求】

1. 掌握双波长分光光度法测定二元混合物中各组分含量的原理和方法。

2. 熟悉测定波长及参比波长的选择方法。

3. 了解分光光度计的扫描操作。

【实验原理】

本实验采用双波长分光光度法，在同一溶液中直接测定两组分的含量，方法简便快速，易于掌握。咖啡因和苯甲酸钠两组分在 HCl 溶液（0.1mol/L）中测得的吸收光谱见图 3 - 30。

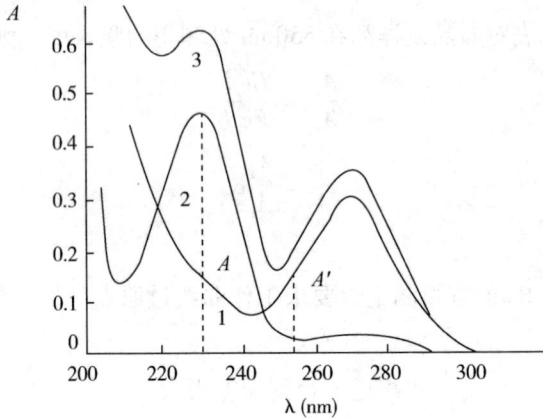

图 3 - 30 安钠咖注射液中两组分在 HCl 溶液中的吸收光谱图

1. 咖啡因；2. 苯甲酸钠；3. 咖啡因 + 苯甲酸钠

由图可见，苯甲酸钠的吸收峰在 230nm 处，咖啡因的吸收峰在 272nm 处。对咖啡因来说，在吸收光谱图中，有：

$A_{230nm}^{咖（对照）} = A_{257nm}^{咖（对照）}$，由此，可消除咖啡因的干扰。对苯甲酸钠来说，在吸收曲线 2 中，有 $A_{230nm}^{苯（对照）} = E_{230nm}^{苯} \cdot c_{苯（对照）} \cdot l$ 和 $A_{257nm}^{苯（对照）} = E_{257nm}^{苯} \cdot c_{苯（对照）} \cdot l$，这时，$\Delta A_{苯} = （E_{230nm}^{苯} - E_{257nm}^{苯}）\cdot c_{苯（对照）} \cdot l$。

在测定混合物中苯甲酸钠含量时，由吸收曲线 3，可得如下关系式：

$$\Delta A_{样} = A_{230nm}^{咖（样）} + A_{230nm}^{苯（样）} - A_{257nm}^{咖（样）} - A_{257nm}^{苯（样）} = A_{230nm}^{苯（样）} - A_{257nm}^{苯（样）} \quad [因为 A_{230nm}^{咖（样）} = A_{257nm}^{咖（样）}]$$

$$= E_{230nm}^{苯} \cdot c_{苯（样）} \cdot l - E_{257nm}^{苯} \cdot c_{苯（样）} \cdot l = （E_{230nm}^{苯} - E_{257nm}^{苯}）\cdot c_{苯（样）} \cdot l$$

这样，$\dfrac{\Delta A_{样}}{\Delta A_{苯}} = \dfrac{c_{苯（样）}}{c_{苯（对照）}} \Rightarrow c_{苯（样）} = \dfrac{\Delta A_{样}}{\Delta A_{苯}} \cdot c_{苯（对照）}$，而与咖啡因浓度无关，从而可求得样品中苯甲酸钠的浓度。

同理，若测定咖啡因，可选择 $\lambda_3 = 272nm$，$\lambda_4 = 253nm$，则可消除苯甲酸钠的干扰，从而求得样品中咖啡因的浓度。

【实验材料】

仪器：紫外分光光度计（可扫描的）、比色皿、容量瓶（100ml）、吸量管（1ml，2ml）、洗耳球。

试剂：咖啡因（对照品）、苯甲酸钠（对照品）、安纳咖注射液、HCl 溶液（0.1mol/L）。

【实验内容】

1. 标准溶液和样品溶液的制备

（1）标准储备液的制备　精密称取咖啡因和苯甲酸钠各 0.0500g，分别用蒸馏水完全溶解，转移至 100ml 容量瓶中，用蒸馏水稀释至刻度，摇匀，即得浓度为 0.500mg/ml 的标准咖啡因储备液和标准苯甲酸钠储备液。置于冰箱中保存备用。

（2）标准溶液的制备　分别吸取标准咖啡因储备液和标准苯甲酸钠储备液各 2.00ml 置于 2 个 100ml 容量瓶中。用 HCl 溶液（0.1mol/L）稀释至刻度，摇匀，即得标准咖啡因溶液和标准苯甲酸钠溶液，溶液浓度为 10.0μg/ml。

（3）样品溶液的制备　用 1ml 吸量管吸取注射液 1.00ml 置于 250ml 容量瓶中，用蒸馏水稀释至刻度。从中精密吸取 2.00ml 置于 100ml 容量瓶中，用 HCl 溶液（0.1mol/L）稀释至刻度。

2. 测定条件的选择

（1）苯甲酸钠　以 HCl 溶液（0.1mol/L）为参比，用 10.0μg/ml 的咖啡因对照品溶液在 220～300nm 范围进行扫描，绘制吸收曲线。以咖啡因对照品溶液在 230nm（λ_1）处的 A 值为准，在 257nm 附近找到等吸收波长（λ_2）。

（2）咖啡因　以 HCl 溶液（0.1mol/L）为参比，用 10.0μg/ml 的苯甲酸钠对照品溶液在 220～300nm 范围进行扫描，绘制吸收曲线。以苯甲酸钠对照品溶液在 272nm（λ_3）处的 A 值为准，在 253nm 附近找到等吸收波长（λ_4）。

3. 样品的测定　以 HCl 溶液（0.1mol/L）为参比，对样品溶液在 220～300nm 范围进行扫描，绘制吸收曲线，以完成实验数据的采集。

4. 计算实验结果　数据记录，分别计算出 $c_{苯(样)}$ 和 $c_{咖(样)}$ 的值。

【注意事项】

1. 标准溶液和样品溶液在扫描时尽量使用同一比色皿。

2. 扫描前，必须用溶剂在测量波长范围做基线校准。

3. 因不同仪器的波长精度略有差异，故在不同仪器上测定时，应对波长组合进行校正。

【思考题】

1. 对于吸收光谱重叠的两组分混合物，测定其中一个组分，选择的 λ_1、λ_2 必须符合什么条件？

2. 双波长分光光度法进行定量分析的依据是什么？

【相关实验】

［1］段科欣. 混合液中重铬酸钾和高锰酸钾的测定［M］. 仪器分析实验. 北京：化学工业出版社，2009.

［2］侯巍，等. 牙周康胶囊中两组分的双波长法同时测定探讨［J］. 黑龙江医药科学，2003，26（06）：37.

［3］王艺红，等．双波长分光光度法测定氯霉素氢化可的松滴耳液中氢化可的松的含量［J］．药品鉴定，2011，8（25）：54.

（杨 铭）

实验十一 荧光法测定维生素 B₂ 的含量

【实验目的和要求】

1. 掌握荧光分光光度法测定维生素 B_2 的基本原理及方法。

2. 掌握荧光分光光度计的使用方法。

【实验原理】

某些物质经紫外光或波长较短的可见光照射后会发射出波长更长的荧光。荧光光谱能反映物质的特性及结构。建立在测量荧光强度和波长基础上的分析方法称为荧光分析法。

对同一物质而言，在稀溶液（即 $A = abc < 0.05$）中，荧光强度 F 与该物质的浓度 c 有以下关系：

$$F = 2.3ElcI_0\varphi_f$$

式中，φ_f 为荧光过程的量子效率；E 为荧光分子的吸光系数；l 为试样的吸收光程；I_0 为入射光的强度。当 I_0 及 l 不变时，上式为：

$$F = Kc$$

式中，K 为常数。

维生素 B_2 又称核黄素，溶于水，在酸溶液中是一个强荧光物质，在中性和酸性溶液中，对热稳定，在碱性溶液中较易被破坏。维生素 B_2 在一定波长光照射下产生荧光。在稀溶液中，其荧光强度与浓度成正比。

在激发波长 $430 \sim 440nm$ 照射下，维生素 B_2 就会发生绿色荧光，荧光峰值波长为 $545nm$。在 $pH = 6 \sim 7$ 的溶液中其荧光强度最强，在 $pH = 11$ 时其荧光消失。

【实验材料】

仪器：荧光分光度计；容量瓶（50ml，100ml）；吸量管（1ml，5ml）；量筒（5ml）。

试剂：维生素 B_2 对照品、维生素 B_2 待测溶液（约 $50\mu g/ml$）、醋酸（6mol/L）。

【实验内容】

1. 维生素 B_2 标准贮备液（10.0μg/ml）的配制 精密称取维生素 B_2 对照品 10.0mg 置于 1000ml 容量瓶中，加蒸馏水约 800ml、醋酸（6mol/L）5ml 充分振摇至维生素 B_2 完全溶解，再用蒸馏水稀释至刻度，摇匀，密闭、避光于冰箱中贮存。

2. 标准曲线的绘制 分别精密吸取维生素 B_2 标准贮备液 1.00ml、2.00ml、3.00ml、4.00ml、5.00ml 置于 5 只 50ml 容量瓶中，用蒸馏水稀释至刻度，摇匀，其浓

度分别为 $0.20\mu g/ml$、$0.40\mu g/ml$、$0.60\mu g/ml$、$0.80\mu g/ml$、$1.00\mu g/ml$。以蒸馏水为空白溶液，测定维生素 B_2 标准溶液的荧光强度，以 F 为纵坐标，c 为横坐标，绘制标准曲线。

3. 维生素 B_2 含量的测定 精密吸取维生素 B_2 待测液 $0.5ml$ 置于 $50ml$ 容量瓶中，用蒸馏水稀释至刻度，摇匀。以蒸馏水为空白溶液，测定溶液的荧光强度，从标准曲线上查出相应的维生素 B_2 的浓度 c_x，然后计算待测液中维生素 B_2 的含量。

4. 数据记录

溶液浓度（$\mu g/ml$）	0.20	0.40	0.60	0.80	1.00	C_x
F						

以荧光强度为纵坐标，标准系列溶液浓度为横坐标，绘制标准曲线。

5. 计算式

$$c_{样} = c_x \times \frac{50}{0.50}$$

【注意事项】

1. 荧光粉光光度法灵敏度高，故对溶剂的纯度及玻璃器皿、样品池的洁净程度要求均较高。蒸馏水应用重蒸馏水。

2. 测定溶液不宜长时间受光照射，以免荧光强度降低。实验中应严格遵循平行操作的原则。

【思考题】

1. 简述荧光激发光谱和荧光发射光谱的区别及关系。

2. 影响荧光分光光度法定量测定的主要因素有哪些？

3. 如何确定最大吸收波长？

【相关实验】

[1] 赵怀清. 硫酸奎宁的激发光谱和发射光谱的测定 [M]. 分析化学实验指导. 北京：人民卫生出版社，2010.

[2] 赵怀清. 荧光法测定硫酸奎尼丁 [M]. 分析化学实验指导. 北京：人民卫生出版社，2010.

（倪丹蓉）

实验十二　荧光分光光度法测定水果中维生素 C 的含量

【实验目的和要求】

1. 掌握荧光法测定食品中维生素 C 含量的方法。

2. 熟悉荧光分光光度计的操作方法。

3. 了解分子荧光分析法的基本原理。

【实验原理】

维生素 C 又称抗坏血酸。抗坏血酸在氧化剂存在下，被氧化成脱氢抗坏血酸，脱氢抗坏血酸与邻苯二胺作用生成荧光化合物，此荧光化合物的激发波长是 350nm，荧光波长（即发射波长）为 433nm，其荧光强度与抗坏血酸浓度成正比。若样品中含丙酮酸，它也能与邻苯二胺生成一种荧光化合物，干扰样品中抗坏血酸的测定。在样品中加入硼酸后，硼酸与脱氢抗坏血酸形成的螯合物不能与邻苯二胺生成荧光化合物，而硼酸与丙酮酸并不作用，丙酮酸仍可以发生上述反应。因此，在测量时，取相同的样品两份，其中一份样品加入硼酸，测出的荧光强度作为背景的荧光读数。另一份样品不加硼酸，样品的荧光读数减去背景的荧光读数后，再与抗坏血酸标准样品的荧光读数相比较，即可计算出样品中抗坏血酸的含量。

【实验材料】

仪器：组织捣碎机、离心机、荧光分光光度计、荧光比色杯等。

试剂：

（1）百里酚蓝指示剂（麝香草酚蓝） 称 0.1g 百里酚蓝，加 0.02mol/L 氢氧化钠溶液 10.75ml 溶解，用水稀释至 200ml。变色范围 pH = 1.2（红）~ 2.8（黄）。

（2）乙酸钠溶液 称取 500g 乙酸钠溶解并稀释至 1L。

（3）硼酸 – 乙酸钠溶液 称取硼酸 9g，加入 35ml 乙酸钠溶液，用水稀释至 1000ml（使用前配制）。

（4）邻苯二胺溶液 称取 20mg 邻苯二胺盐酸盐溶于 100ml 水中（使用前配制）。

（5）偏磷酸 – 冰醋酸溶液 称取 15g 偏磷酸，加入 40ml 冰醋酸，加水稀释至 500ml 过滤后，贮存于冰箱中。

（6）偏磷酸 – 冰醋酸 – 硫酸溶液 称取 15g 偏磷酸，加入 40ml 冰醋酸，用 0.015mol/L 硫酸稀释至 500ml。

（7）抗坏血酸标准溶液 准确称取 0.500g 抗坏血酸溶于偏磷酸 – 冰醋酸溶液中，定容至 500ml 容量瓶中，此标准溶液浓度为每毫升相当于 1mg 的抗坏血酸（每周新鲜配制）；吸取上述溶液 5.00ml，再用偏磷酸 – 冰醋酸溶液定容至 50ml，此溶液每毫升相当于 0.1mg 的抗坏血酸标准溶液（每天新鲜配制）。

（8）活性炭 取 50g 活性炭加入 250ml 10% 盐酸，加热至沸，减压过滤，用蒸馏水冲洗活性炭，检查滤液中无铁离子为止，再于 110 ~ 120℃烘干备用。

【实验内容】

1. 绘制标准曲线

（1）将制备好的 50ml 标准溶液（含抗坏血酸 0.1mg/ml）倒入锥形瓶中，再往锥形瓶中加入 1 ~ 2g 活性炭摇匀 1min，过滤。

（2）取 2 只 50ml 容量瓶，各加入刚处理过的溶液 1.00ml，其中一只容量瓶中再加入 20ml 乙酸钠溶液，用水定容至刻度，此液作为标准溶液。另一只容量瓶中加入 20ml

硼酸－乙酸钠溶液，用水定容至刻度，此液作为标准空白溶液。

（3）取5支带塞的刻度试管，一支试管中加入2.00ml标准空白溶液，另4支试管中各加入0.50ml、1.00ml、1.50ml、2.00ml标准溶液，再分别用蒸馏水定容至3.00ml。

（4）避光反应　在避光的环境中，迅速向各管中加入5ml邻苯二胺溶液，加塞，振摇1~2min，于暗处放置35min。

（5）荧光测定　选择最佳的仪器条件（激发波长：350nm，发射波长：433nm），记录标准溶液各浓度的荧光强度和标准空白溶液的荧光强度，标准溶液荧光强度减去标准空白溶液荧光强度计算相对荧光强度。

（6）标准曲线　以标准溶液浓度为横坐标，相对荧光强度为纵坐标，拟合标准曲线，获得线性方程。

2. 样品测定

（1）样品处理　称取均匀样品10g（视样品中抗坏血酸含量而定，其含量约在1mg左右），加入20ml偏磷酸－冰醋酸溶液，用捣碎机匀浆，先取少量样品加入1滴百里酚蓝，若显红色（pH = 1.2），即用偏磷酸－冰醋酸溶液定容至100ml，若显黄色（pH = 2.8），即用偏磷酸－冰醋酸－硫酸溶液定容至100ml，定容后过滤备用。

（2）氧化处理　将全部滤液转入锥形瓶中加入1~2g活性炭振摇1~2min，过滤。

（3）取2只50ml容量瓶，各加入5.00ml经氧化处理的样液，再向其中一只加入20ml乙酸钠溶液，用水稀释至50ml作为样品溶液；另一只加入20ml硼酸－乙酸钠溶液，用水稀释至刻度，作为样品空白溶液。

（4）取2支带塞的刻度试管，1支试管中加入2.00ml样品溶液为样液，另一根试管中加入2.00ml样品空白溶液作为空白，再分别用蒸馏水定容至3.00ml。

（5）避光加邻苯二胺，以下操作按绘制标准曲线项下（4）、（5）部分进行，得出样品的相对荧光强度。

（6）将样品的相对荧光强度代入标准曲线线性方程，求出样品中维生素C含量。

【注意事项】

1. 先固定激发波长扫描发射光谱，找到最大发射波长，再固定这个发射波长，扫描激发光谱，找到最佳测试条件。

2. 在实验开始前，应提前打开仪器预热，并配制好所需的溶液，对于已经配制好的溶液，在不用时放于4℃冰箱中保存，放置时间超过一星期的溶液要重新配制。

3. 实验所用的样品池是四面透光的石英池，拿取的时候用手指掐住池体的上角部，不能接触到四个面，清洗样品池后应用擦镜纸对其四个面进行轻轻擦拭。

4. 实验结束后，要及时的清理台面，处理废液，清洗和放置好样品池，并且按规定登记实验记录。

【思考题】

1. 实验中加入硼酸的作用是什么？

2. 荧光分光光度法进行定量分析的依据是什么？

【相关实验】

［1］中国科学技术大学化学与材料科学学院实验中心．同步荧光法同时测定对苯二酚和邻苯二酚［M］．合肥：中国科学技术大学出版社，2011.

［2］中华人民共和国药典．地高辛片的含量测定［S］．2010 年版二部：247.

［3］白玲，等．荧光法测定乙酰水杨酸和水杨酸含量［M］．仪器分析实验．北京：化学工业出版社，2008.

（杨　铭）

实验十三　原子吸收分光光度法测定水中的钙和镁

【实验目的和要求】

1. 掌握原子吸收分光光度法测定物质含量的方法，过程及一般操作。
2. 熟悉标准曲线法和标准加入法的原理及计算。
3. 了解原子吸收分光光度计的使用。

【实验原理】

当一束具有待测元素特征谱线的光通过试样蒸气时，因被待测元素的原子吸收而使特征谱线的强度减弱，其减弱的程度（吸光度 A）与待测元素的基态原子数（N）及蒸气的厚度即火焰宽度（L）成正比：$A = \lg \dfrac{I_0}{I} = KLN$

式中，I_0 为入射光强度；I 为透射光强度；K 为比例常数。

由于溶液中待测离子浓度（c）与吸收辐射谱线的原子总数成正比。因此当火焰宽度 L 一定时，吸光度 A 与溶液中待测离子的浓度存在如下关系：$A = K'c$

在一定实验条件下 K' 为常数，即符合比耳定律。因此，通过测定溶液的吸光度，就可以求出待测元素的浓度。

不同元素的原子，从基态激发至第一激发态时吸收的能量不同，吸收谱线频率不同。利用这一特性，可进行元素定性分析。

原子吸收分光光度分析常用的定量方法有：标准曲线法、标准加入法和浓度直读法等。标准曲线法和其他仪器分析方法相同。标准加入法（也称直线外推法，见图 3－31）是取若干份体积相同的待测试样溶液置于同体积的容量瓶中，从第二份开始，按比例分别加入不同量的待测元素的标准溶液。若试样溶液中待测离子浓度为 c_x，则加入标准溶液后的浓度

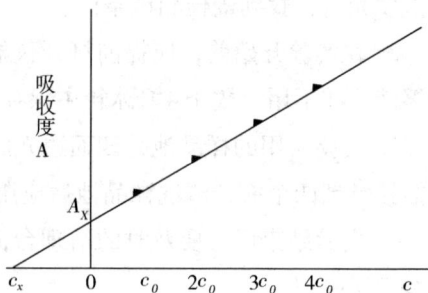

图 3－31　标准加入法曲线

分别为 $c_x + c_0$、$c_x + 2c_0$、$c_x + 4c_0$；测得相应的吸光度 A_x、A_1、A_2、A_3。以吸光度对浓度作图得到如下图所示的直线。延长直线与横轴相交于 c_x，c_x 点与坐标原点的距离即为试样中待测离子的浓度。

测定水中 Ca、Mg 含量时。其他阴、阳离子的存在会产生化学干扰，使测定结果偏低。其主要原因是干扰离子与待测离子生成难挥发的化合物。如果在试样中加入过量的金属盐类如 La 盐或 Sr 盐，由于 La 和 Sr 能与干扰离子生成更稳定的化合物，使待测元素释放出来，可以消除共存离子对 Ca、Mg 测定的干扰。

本实验采用标准曲线法测定 Mg，标准加入法测定 Ca。

【实验材料】

仪器：原子吸收分光光度计、乙炔钢瓶（或乙炔发生器）、无油空气压缩机、钙，镁元素空心阴极灯、乙炔 – 空气燃烧器、50ml 容量瓶 13 个、100ml 容量瓶 1 个、500ml 和 1000ml 容量瓶各 1 个、5ml 移液管 4 支、10ml 吸量管 1 支。

试剂：100 μg/ml 钙标准溶液：取 0.1249g $CaCO_3$ 基准物，用 6mol/L 盐酸溶解，转入 500ml 容量瓶中定容。

1000μg/ml 镁标准溶液：称取 1.0000g 纯金属镁溶于少量盐酸中，用 1% 盐酸溶液定容至 1L。

氯化镧溶液：称取 1.76g $LaCl_3$ 溶于水中，稀释至 100ml，得含 La 为 10mg/ml 的溶液。

【实验内容】

1. 启动仪器 熟悉所用仪器的型号及使用方法，按使用说明书启动仪器。

2. 镁含量的测定

（1）仪器工作条件的确定

①将镁空心阴极灯调入光路，选择灯电流 5 ~ 8mA，预热，将测定波长调到 285.2nm。

②启动空气压缩机，压力调到 0.20 ~ 0.25MPa（2 ~ 2.5kg/cm²）。

③按仪器说明书，点燃空气 – 乙炔火焰。调节燃助比至化学计量性火焰，即中性火焰，其特征是火焰层次清晰、稳定。

④调整燃烧器高度。配制 0.1mg/ml 镁标准溶液进行喷雾。改变燃烧器高度，观察吸光度的改变，将燃烧器调到吸光度大、稳定性好的位置。

⑤选择光谱通带。选择通带应考虑提高信噪比和灵敏度两方面，在能分开最近的非共振线前提下，可适当放宽狭缝，以得到较高的灵敏度。通常对 Ca、Mg 的测定，狭缝宽度取 0.2mm。

⑥选择光电倍增管工作电压。增大负高压能提高灵敏度，但噪声电平往往也会增大。一般选择最大工作电压的 1/3 ~ 2/3 为宜。

（2）标准曲线法测定镁含量

①绘制工作曲线。依次取 10mm/ml 镁标准溶液 0.0ml、1.0ml、2.0ml、3.0ml、

4.0ml、5.0ml，分别加入 6 个 50ml 容量瓶中，再分别加入 5ml $LaCl_3$ 溶液，用去离子水稀释至刻度，摇匀。

②吸喷去离子水，清洗燃烧器，调吸光度为零，然后在所选择的工作条件下，依次测定与记录标准系列溶液的吸光度（每次测定均需去离子水调吸光度为零）。

③测定水样中 Mg 的吸光度。准确吸取一定量的自来水两份，分别加入两个 50ml 容量瓶中，各加入 5ml $LaCl_3$ 溶液，用去离子水稀释至刻度，摇匀。在与上述相同的条件下，分别测定吸光度。如果水样的吸光度超出标准曲线的范围，可增加或减少取样量，使吸光度尽可能落在校正曲线中部。

3. 标准加入法测定钙的含量

（1）自来水中 Ca 的半定量测定：取 100μg/ml 钙标准溶液 2ml 于第一个 50ml 容量瓶中，加入 5ml $LaCl_3$，用去离子水定容。取 25ml 自来水于第二个 50ml 容量瓶中，加入 5ml $LaCl_3$，用去离子水定容。各取 25ml 于第三个 50ml 容量瓶中混合均匀。

将钙元素空心阴极灯调入光路、预热（灯电流 5 ~ 10mA），测定波长调到 422.7nm。用同样的方法调节燃烧器高度，其他条件与测定镁时相同。在同样的工作条件下测定上述三种溶液的吸光度，即可估算出水中钙的大致含量 c_x。

（2）配制标准加入法系列溶液：取 5 个 50ml 容量瓶，分别加入 5ml 自来水，再分别加入 5ml $LaCl_3$ 溶液，然后向上述容量瓶中依次加入钙标准溶液 0.0(ml)、V_1(ml)、$2V_1$(ml)、$4V_1$(ml)、$8V_1$(ml)，用去离子水稀释至刻度$\left(\text{为使溶液中的 } c_x = c_0, \text{ 取 } V_1 = c_x \dfrac{V_x}{c_s}\right)$。

（3）在所选择的工作条件下逐个测定吸光度。

实验完毕，吸喷去离子水，清洗燃烧器，按操作要求关好仪器。

4. 数据处理

（1）将镁标准系列溶液的吸光度对浓度绘制工作曲线，在标准曲线上求得水样中镁的浓度，再计算原水样中的镁含量，以 mg/L 表示。

（2）在方格坐标纸上绘制钙的标准加入法直线，并外推与横轴相交，求得钙的浓度，计算原水样中的钙含量，以 mg/L 表示。

【注意事项】

1. 测定均以去离子水为参比，每测定一份溶液，均需用去离子水清洗至吸光度为零。

2. 点燃空气 - 乙炔火焰时，应前通空气，后通乙炔气，熄灭时顺序相反。为了使点火顺利，可适当增大乙炔气流量，点燃，待火焰稳定后再根据需要调节成所需要的火焰类型。

3. 废液排出口一定要插入盛水瓶中进行水封，以防回火。

4. 乙炔管道及接头禁止使用紫铜材质，否则易生成乙炔铜引起爆炸。乙炔钢瓶阀门旋开不应超过 1.5 转，以防止丙酮逸出；瓶内压力不得低于 0.5MPa，否则丙酮会沿管路流出。

5. 仪器的原子化器上方应安装耐腐蚀材料制作的排风罩及通风管道，进行强制通风。风速要适当，既能将有毒气体送出又能使火焰稳定。

【思考题】

1. 原子吸收分光光度法能够进行定量分析的依据是什么？

2. 原子吸收分光光度法常用的定量方法有哪些？

【相关实验】

[1] 白玲，等. 火焰原子吸收法测定样品中的铜含量 [M]. 仪器分析实验. 北京：化学工业出版社，2010.

[2] 中华人民共和国药典. 硫酸亚铁片的含量测定 [S]. 2010 年版二部：970.

[3] 张剑荣，等. 石墨炉原子吸收光谱法测定血清中的铬 [M]. 仪器分析实验（国家级精品课程配套教材）. 北京：科学出版社，2009.

（杨　铭）

实验十四　阿司匹林红外光谱的测定

【实验目的和要求】

1. 掌握红外光谱的固体试样制备及傅里叶变换红外光谱仪器的操作。

2. 通过图谱解析及标准图谱的检索对比，了解红外光谱鉴定药物的一般过程。

【实验原理】

选择固体样品绘制红外光谱，然后进行光谱解析，查对标准 SADTLER 红外光谱图。

【实验材料】

仪器：红外分光光度计、玛瑙研钵、压片模具。

试剂：阿司匹林（要求试样纯度 >98％，且不含水）、色谱纯的 KBr 粉末。

【实验内容】

1. 试样制备

（1）压片法　称取干燥的阿司匹林试样约 1mg 至于玛瑙研钵中，加入干燥的 KBr 粉末约 200mg，研磨混匀。将研磨好的物料加入到专用红外压片模具中铺匀，和上磨具至油压机上先抽气 2min 以除去混在粉末中的湿气，再边抽气边加压至 1.5 ~ 1.8MPa 约 2 ~ 5min。取出，装入样品架上待测。

（2）糊状法　取少量干燥的阿司匹林试样置于玛瑙研钵中磨细，加入几滴石蜡油继续研磨至呈均匀的浆糊状，糊状物涂于可拆液体池的窗片或空白 KBr 片上，即可测定。

2. 图谱绘制

（1）背景光谱采集　开启仪器，选择实时分析程序，进入操作界面，在 Scan 菜单中选择 Scan，设置扫描参数，进行背景扫描。

（2）阿司匹林的红外光谱图测绘　打开样品仓，将上述制备试样置于样品架上，点击 Scan \ Scan 按钮，选择 Sample 设置参数，光谱范围 $400 \sim 4000$ cm^{-1}。当试样采集完毕后，即可得到 $400 \sim 4000$ cm^{-1} 范围内的阿司匹林红外光谱图。

（3）吸收峰波数标注　在操作界面中，打开 Peaks 菜单，点击 Peak Pick，设置参数，即可标出各吸收峰的波数值。

（4）谱图打印　在 file 下拉菜单中，选择 Print setup 设置打印参数；然后再进入 file 下拉菜单，选择 Print，即可打印出阿司匹林样品的红外光谱图，查对标准 SADTLER 红外光谱图（图 3 –32）。

3. 实验结束　实验结束，关闭界面，退出操作系统。并关闭主机、打印机和计算机及稳压电源开关，拉下总电源，覆盖好仪器。

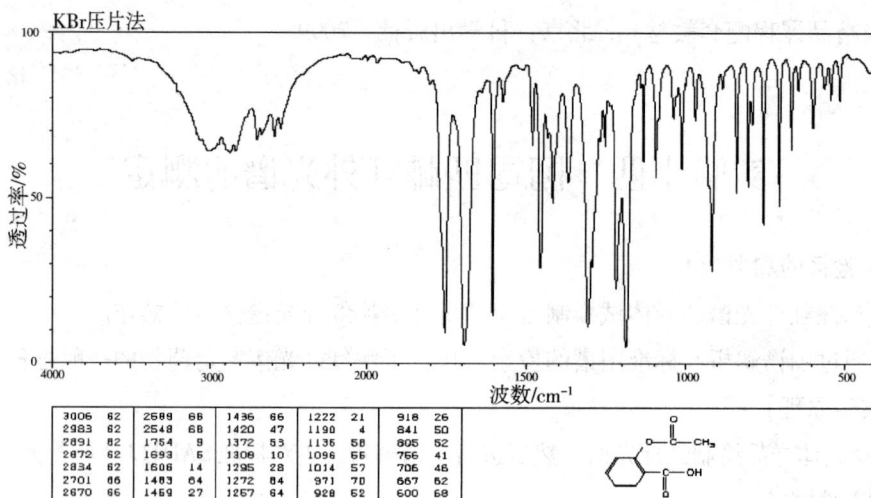

图 3 –32　阿司匹林的红外标准谱图

【注意事项】

1. 压片制样时，物料必须研细并混合均匀，加入到模具中需均匀平整，否则不易获得均匀透明的试样。

2. KBr 极易受潮，因此制样应在低湿环境或红外灯下进行。

【思考题】

1. 红外光谱分析的原理是什么？

2. 压片法制备样品应注意哪些问题？

【相关实验】

［1］赵怀清. 傅里叶变换红外光谱仪的性能检查［M］. 分析化学实验指导. 北京：人民卫生出版社，2010

［2］白玲，等. 苯甲酸和丙酮红外吸收光谱的测定［M］. 仪器分析实验. 北京：

化学工业出版社, 2010.

　　[3] 白玲, 等. 溴化钾压片法测绘抗坏血酸的红外吸收光谱 [M]. 仪器分析实验. 北京: 化学工业出版社, 2010.

　　[4] 王亦军, 等. 聚苯乙烯的红外光谱测定与谱图分析 [M]. 仪器分析实验. 北京: 化学工业出版社, 2009.

（倪丹蓉）

实验十五　磁共振波谱法测定乙酰乙酸乙酯互变异构体的相对含量

【实验目的和要求】

1. 掌握核磁实验的基本原理和操作步骤。

2. 熟悉实验的做法, 数据处理及简单谱图分析。

3. 了解超导磁共振波谱仪的主要组成部分及工作原理。

【实验原理】

乙酰乙酸乙酯实际上是由酮式和烯醇式两种异构体组成的一个互变平衡体系。

$$CH_3\underset{2.22}{-}\overset{O}{\underset{}{C}}\underset{}{-}CH_2\underset{3.22}{-}\overset{O}{\underset{}{C}}\underset{}{-}O\underset{4.3}{-}C_2H_5 \underset{1.29}{\rightleftharpoons} CH_3\underset{1.94}{-}\overset{O\cdots H\cdots O}{\underset{}{C}}\underset{}{=}CH\underset{4.88}{-}\overset{}{C}\underset{}{-}O\underset{}{-}CH_2H_5$$

　　酮式和烯醇式异构体之间以一定比例呈动态平衡存在。在室温下, 彼此互变的速率很快, 不能将二者分离。这种同分异构体间以一定比例平衡存在, 并能相互转化的现象叫作互变异构现象。互变异构现象是有机化学中常见现象。从理论上讲, 凡有 $\alpha-H$ 的羰基化合物都有互变异构现象, 但不同结构的羰基化合物, 其酮式和烯醇式的比例差别很大。乙酰乙酸乙酯的互变异构是由质子移位而产生的。除乙酰乙酸乙酯外, 还有许多物质 (如 $\beta-$ 二酮以及某些糖和含氮的化合物等) 也能产生这类互变异构现象。酮式与烯醇式的相对含量与分子结构、浓度、温度等因素有关。不同物质的互变平衡体系中, 异构体的比例不同, 如表 3-1 所示:

表 3-1　乙酰乙酸乙酯在不同溶剂中烯醇在互变异构体中所占含量

溶剂	烯醇式含量/%	溶剂	烯醇式含量/%
水	0.4	乙酸乙酯	12.9
50%甲醇	0.25	苯	16.02
乙醇	10.52	乙醚	27.1
戊醇	15.33	二硫化碳	32.4
三氯甲烷（氯仿）	8.2	己烷	46.4

用化学法测定乙酰乙酸乙酯两种互变异构体的相对含量，操作麻烦，条件与终点也不好控制。用磁共振谱法测定，具有简单、快速的优点，实验结果与化学法相近。酮式的羰甲基和烯醇式的甲基在谱图中不互相重叠，均为单峰且质子数较多，测定的准确度较好，故选择它们做定量测定较为合适。

【实验材料】

仪器：AVANCE Ⅲ 型磁共振波谱仪、核磁样品管 5mm、微量进样器 100μl 和 0.5ml。

试剂：乙酰乙酸乙酯（分析纯）。

【实验内容】

1. 进样 用 100μl 微量进样器将样品装进核磁管，再用 0.5ml 的微量进样器加入 0.5ml 氘代氯仿作为溶剂，盖上盖子，将样品管放到核磁仪器磁体中。

2. 设置 用鼠标点击设置溶剂（solvent）栏，选取所加入的溶剂（CDCl₃）。在命令输入窗口中输入 getprosol 获得参数，选取一维氢谱实验，随后系统会自动调出做一维氢谱实验的所需参数，包括实验激发核、去偶核、采样宽度、采样时间、采样点数、累加次数等内容。

3. 自动匀场 在命令输入窗口中输入 atma✓调谐，输入 topshim✓系统会自动调出自动匀场的程序，系统则会开始自动匀场。在命令输入窗口中输入 rga✓进行参数优化。

4. 采样 点击菜单栏中，在样品转速稳定后输入命令 zg✓，开始实验。同样系统提示实验完毕后，输入命令 apk✓，进行自动调整相位和调整基线的高度、平整度。

5. 谱图处理 在主命令栏下面的命令栏中点击相应的命令：①自动调节相位 apk；②自动调基线 abs；③定标；④标峰；⑤积分；⑥打印。

由于两个异构体的质量分数等于其摩尔分数，也等于峰面积比。若以 I_a 和 I_b 表示 a 和 b 两组质子的积分值，w_a 和 w_b 表示两种异构体的含量，则

$$w_a\% = \frac{w_a}{w_a + w_b} \times 100\% = \frac{I_a}{I_a + I_b} \times 100\%$$

$$w_b\% = \frac{w_b}{w_a + w_b} \times 100\% = \frac{I_b}{I_a + I_b} \times 100\% 。$$

把实验数据代入上式，求出酮式和烯醇式的各自含量。

【注意事项】

1. 进样前一定要弹气，一方面要弹出磁体中原有的样品；另一方面待测样品进样时应有压缩空气托着慢慢下落，防止磁管跌破，样品污染探头等部件。

2. 应采用氘代试剂，防止产生干扰信号。

3. 测定完毕，从探头中取出样品管，并盖好探头防尘盖，关闭空气压缩机。将样品管中的溶剂倒入废液瓶中，用乙醇清洗样品管，自然晾干。

【思考题】

1. 试比较化学法与磁共振法测定乙酰乙酸乙酯互变异构体相对含量的优缺点。

2. 酮式与烯醇式的相对含量除了与分子结构、浓度和温度有关外，还与哪些因素有关？为什么用极性强的溶剂测出的酮式的质量分数高？

3. 为什么在实验开始前要匀场？

【相关实验】

[1] 中国药典. 附录Ⅸ K 核磁共振波谱法 [S]. 2010 年版二部：附录 81 - 83.

[2] 苏克曼，等. 混合标样和乙苯等试样的氢核磁共振谱测绘和谱峰归属 [M]. 仪器分析实验（第二版）. 北京：高等教育出版社，2005.

[3] 王新宏. 核磁共振波谱法测定水杨酸甲酯的结构 [M]. 分析化学实验（双语教材）. 北京：科学出版社，2009.

（杨　铭）

实验十六　薄层色谱法测定饮料中糖精钠

【实验目的和要求】

1. 掌握薄层色谱法测定饮料中糖精钠的基本原理。

2. 熟悉薄层色谱法的操作技术。

3. 了解薄层色谱法的实际应用。

【实验原理】

在酸性条件下，饮料中的糖精钠用乙醚提取、浓缩、挥去乙醚后，用乙醇溶解残留物，点样于聚酰胺薄层板上，薄层色谱分离，然后显色，根据比移值（R_f）与标准物质比较，进行定性和半定量测定。

【实验材料】

仪器：器皿玻璃板（10cm × 20cm）、研钵、100ml 分液漏斗、10μl 微量注射器、层析缸。

试剂：展开剂：正丁醇 - 氨水 - 无水乙醇（7:1:2）或异丙醇 - 氨水 - 无水乙醇（7:1:2）；盐酸（1:1）、聚酰胺粉、无水硫酸钠、无水乙醇、95% 乙醇、乙醚、可溶性淀粉。

糖精钠标准溶液：准确称取于 120℃ 干燥 4h 后的糖精钠（$C_6H_4CONNaSO_2 \cdot 2H_2O$）0.1702g，用无水乙醇溶解后移入 200ml 容量瓶中，加 95% 乙醇至刻度，此溶液 1ml 相当于 1mg 含 2 分子结晶水糖精钠。

显色剂（0.4g/L 溴甲酚紫溶液）：称取 0.04g 溴甲酚紫，用乙醇（1:1）溶解并定容至 100ml，定容前调 pH = 8.0。

【实验内容】

1. 薄层板的制备 取干净玻璃片1块,用脱脂棉蘸少量95%乙醇擦拭板面,晾干,用纱布擦光,板面不应有任何油迹和水珠。称取1.6g聚酰胺粉,加0.4g可溶性淀粉,加约7.0ml水,研磨3~5min,待调成均匀一致的糊状,倒至洁净玻璃片的一端,小心倾斜玻璃板,使薄糊慢慢下流,然后将玻璃板放在水平桌面上,轻轻振动,涂成0.25~0.30mm厚的薄层板,室温干燥后,放入110℃烘箱中活化1h,冷至室温后,放入干燥器中备用。

2. 样品提取 准确吸取10.0ml饮料、汽水等样品,置于100ml分液漏斗中(如样品中含有二氧化碳,可先加热除去。如样品中含有酒精,可加4%氢氧化钠溶液碱化后,在沸水浴中加热除去)。加入2ml盐酸(1:1),用乙醚30ml、20ml、20ml提取3次,合并乙醚提取液,用5ml盐酸酸化的水洗涤2次,弃去水层。乙醚层通过无水硫酸钠脱水后滤入蒸发皿中,挥干乙醚,加2.0ml无水乙醇溶解残渣,密塞保存供点样测定用。

3. 点样 在薄层板下端2cm处,用微量注射器点10μl样液,同时点3.0μl、5.0μl、7.0μl、10.0μl糖精钠标准溶液,各点间距1.5cm。

4. 展开与显色 将点好的薄层板放入盛有展开剂的展开槽中,展开剂液层约0.5cm,并预先已达到饱和状态。展开至10cm,取出薄层板,挥干,喷显色剂,斑点显黄色,根据样品点和标准点的比移值进行定性,根据斑点颜色深浅与标准品斑点比较进行半定量测定。

5. 计算

$$c = \frac{m}{V \times \dfrac{V_2}{V_1}}$$

式中,c为样品中糖精钠的含量,g/L;m为与标准品比较查得的相对应的样液中糖精钠的质量,mg;V为样品体积,ml;V_1为样品提取液残留物加入乙醇的体积,ml;V_2为点样液体积,ml。

【注意事项】

1. 糖精钠在酸性条件下变成糖精,易溶于乙醚等有机溶剂中,不溶于水,所以样品中糖精钠在酸性条件下提取。

2. 点样时要特别小心、细致,不能将薄层板戳穿,否则影响分离效果。

3. 展开剂与显色剂可根据实验室条件确定。

【思考题】

1. 为什么要除去样品中含有的二氧化碳和酒精?

2. 为什么展开剂应预先达到饱和状态?

【相关实验】

[1] 王新宏. 黄连药材的薄层色谱鉴别实验 [M]. 分析化学实验(双语教材).

科学出版社，2009.

　[2] 中国药典.盐酸氟西泮的定性鉴别 [M].2010 年版二部：745.

　[3] 王新宏.邻硝基苯胺和对硝基苯胺的薄层分离 [M].分析化学实验（双语教材）.北京：科学出版社，2009.

（杨　铭）

实验十七　薄层色谱法测定氧化铝的活度

【实验目的和要求】

1. 掌握薄层软板的制备方法。

2. 熟悉薄层色谱法的一般操作步骤。

3. 了解软板测定氧化铝活度的方法。

【实验原理】

吸附剂的吸附能力大小用活度表示，活度与其含水量密切相关。含水量增加，活性级别增大，吸附力减弱。Al_2O_3 是常见的一种极性吸附剂，其活性级别通常用它对偶氮染料的吸附性能 R_f 值的大小来表示，R_f 值越大，氧化铝对染料的吸附能力越弱，活性级别越大。区分氧化铝为 Ⅰ～Ⅴ 级活性级别的具体方法为：将偶氮苯、对甲氧基偶氮苯、苏丹黄、苏丹红、对氨基偶氮苯的 CCl_4 溶液分别点于薄层软板上，用 CCl_4 作展开剂，定距展开约 10cm，求出各偶氮染料的 R_f 值。然后，将上述染料的 R_f 值与表 3-2 中的标准值比较，确定 Al_2O_3 的活性级别。

表 3-2　Al_2O_3 活度和偶氮染料比移值的关系

偶氮染料	活度级别			
	Ⅱ	Ⅲ	Ⅳ	Ⅴ
偶氮苯	0.59	0.75	0.85	0.95
对甲氧基偶氮苯	0.16	0.49	0.69	0.89
苏丹黄	0.01	0.25	0.57	0.78
苏丹红	0	0.1	0.33	0.56
对氨基偶氮苯	0	0.03	0.08	0.19

【实验材料】

仪器：层析缸（长方形展开槽）、玻璃板（5cm×12cm）、玻璃棒、橡皮胶布、毛细管。

试剂：Al_2O_3（薄层用）、CCl_4、偶氮苯、对甲氧基偶氮苯、苏丹黄、苏丹红、对氨基偶氮苯。

【实验内容】

1. 偶氮染料溶液的配制　称取偶氮苯 30mg 和对甲氧基偶氮苯、苏丹黄、苏丹红及对氨基偶氮苯各 20mg，分别置于 50ml 容量瓶中，加 CCl_4 溶解并稀释至刻度线，摇匀。

2. A1₂O₃ 软板的制备（干法铺板） 取一块洁净且表面光滑的玻璃板，另取一根比玻璃板宽度稍长的玻璃棒，将玻璃棒的两端包上 0.6～1mm 的医用胶布，所包厚度就是所铺薄层的厚度。将待测 A1₂O₃（薄层用）均匀撒在洁净玻璃板上，双手用力均匀地在从玻璃板的一端向前推动玻璃棒，使吸附剂成一均匀薄层（图 3-33）。

3. 点样、展开 用毛细管吸取上述 5 种染料溶液适量，按适当间距分别点加于薄层软板的起始线上（起始线距薄板底边约 1.0cm），点好样后，将薄层板放入盛有 CCl_4 的展开槽中（图 3-34），点样的一端浸入展开剂中展开，浸入的深度约为 0.5cm，另一端用塞子将薄层板上端垫高，使成 15～30° 的角度，密封，待展开剂上升到距起始线约 10cm 处，取出，标

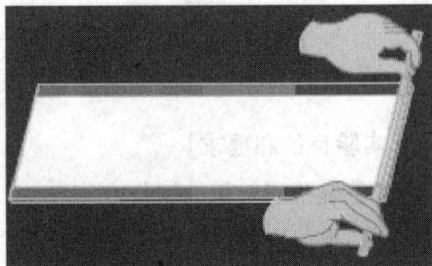

图 3-33 干法铺板示意图

记溶剂前沿。量出各染料斑点中心及溶剂前沿距离起始线的位置，计算比移值（方法见图 3-35），根据上表数据，确定氧化铝活度。

$$R_f = \frac{原点至斑点中心的距离(L)}{原点至溶剂前沿的距离(L_0)}$$

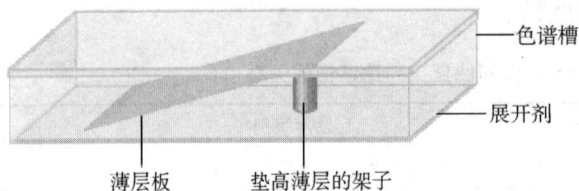

图 3-34 样品展开示意图

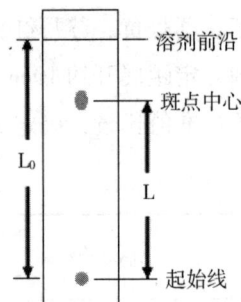

图 3-35 计算值示意图

【注意事项】

1. 制备软板时，推移不宜过快，也不能中途停顿，否则厚薄不均匀，影响分离效果。

2. 点样量应适宜，不能过多，否则会产生拖尾现象。

3. 展开剂不宜加得过多，起始线勿浸入展开剂中。

4. 所选用的薄层板必须表面光滑，没有划痕。

【思考题】

1. 吸附剂的活度、活性级别与吸附性强弱有何关系？

2. 什么是 R_f 值？影响 R_f 值的因素有哪些？

3. 根据五种偶氮染料的比移值大小，确定它们的极性大小顺序。

【相关实验】

［1］赵怀清．薄层色谱法测定硅胶（黏合板）的活度［M］．分析化学实验指导．北京：人民卫生出版社，2010.

［2］王新宏．大黄中蒽醌类化合物的柱色谱分离及组分的薄层鉴定（综合性实验）［M］．分析化学实验（双语教材）．北京：科学出版社，2009.

［3］秦冰冰，等．测定吸附剂活性的新方法［J］．内蒙古民族大学学报（自然科学版），2004，19（5）：524.

（高赛男）

实验十八　薄层分析法（鉴定亚甲基蓝和偶氮苯）

【实验目的和要求】

1. 掌握薄层硬板的制备方法。

2. 熟悉薄层分离的基本原理和操作方法。

3. 了解 R_f 值的计算方法。

【实验原理】

薄层色谱（thin layer chromatography，TLC）又称薄层层析，属于固 - 液吸附色谱。利用混合物中各个组分对吸附剂（固定相）的吸附能力不同，当展开剂（流动相）流经吸附剂时，发生无数次吸附和解吸附的过程，吸附力弱的组分随流动相迅速向前移动，吸附力强的组分滞留在后，由于各组分具有不同的移动速度，最终得以在固定相薄层上分离。化合物越容易被固定相吸附，沿着流动相移动的距离就越小。

薄层色谱具有设备简单、速度快、分离效果好、灵敏度高以及能使用腐蚀性显色剂等优点，是一种微量的分离分析方法。它可以与光谱或质谱结合起来，是一种很有发展前途的分析技术。应用 TLC 进行分离鉴定的方法是将被分离鉴定的试样用毛细管点在薄层板的一端，样点干后放入盛有少量展开剂的器皿中展开，借吸附剂的毛细作用，展开剂携带着组分沿着薄层板缓慢上升，各个组分在薄层板上上升的高度依赖于组分在展开剂中的溶解能力和被吸附剂吸附的程度。如果各个组分本身带有颜色，那么待薄层板干燥后就会出现一系列的斑点；如果化合物本身不带颜色，可以用显色方法使之显。如用荧光板，可在紫外灯下进行分辨。

化合物在薄层板上上升的高度与展开剂上升的高度的比值，称为该化合物的比移值 R_f 其定义为：

$$R_f = \frac{溶质最高浓度中心至原点中心的距离}{溶剂前沿至原点中心的距离}$$

R_f 值常小于 1；若值为零，即表明溶质不能移动。

薄层色谱常用的吸附剂是硅胶和氧化铝，常用的黏合剂是煅石膏、羟甲基维素钠等。氧化铝的极性比硅胶大，适用于分离极性较小的化合物，硅胶适用于分离极性较大的化合物。

薄层板分为"干板"与"湿板"。干板在涂层时不加水，常用氧化铝做吸附剂制铺干板，本次实验采用湿板制法。展开装置见图3－36。

图3－36　薄层板在不同层析缸中展开方式

展开剂是影响色谱分离度的重要因素。一般来说，展开剂的极性越大，对特定化合物的洗脱能力也越大，一般常用展开剂按照极性从小到大的顺序排列大概为：石油醚＜己烷＜甲苯＜苯＜三氯甲烷＜乙醚＜THF＜乙酸乙酯＜丙酮＜乙醇＜甲醇＜水＜乙酸。

【实验材料】

仪器：层析缸、硅胶G、烧杯、量筒、铅笔、台秤、研钵、玻片（20cm×5cm、10cm×4cm）。

试剂：正庚烷、乙酸乙酯、亚甲基蓝、偶氮苯、三氯甲烷。

【实验内容】

1. 砖胶G板的制备

（1）取20cm×5cm左右的玻片2块，洗净，晾干。

（2）在一洗净的研钵中，放入约10～15g硅胶G，加入15～20ml蒸馏水，研磨，调成糊状，用牛角匙将此糊状物倾倒于上述玻片上，用食指和拇指拿住玻片，作前后、左右振摇摆动，使流动的糊状物均匀地铺在载玻片上。将已涂好硅胶G的薄层板放置在水平的长玻璃片上，室温放置30min后，移入烘干箱内加热活化，缓慢升温至110℃后恒温30min。取出稍冷放入干燥器中备用。

2. 点样　在小试管中，分别取少量5～10g/L亚平基蓝、偶氮苯的三氯甲烷溶液及以上样品的混合溶液为试样。

离薄层板一端约1cm处，用铅笔轻轻画一直线。取管口平整的毛细管，插入样品溶液中，注意毛细管必须专用，不可弄混，于画线处轻轻点样。斑点的直径为1～2mm。如溶液太稀，一次点样不够，待溶剂挥发后可重复再点。每块板可点样4个。先点纯样品，再点混合样品。晾干，备用。

3. 展开　以9:1的正庚烷与乙酸乙酯为展开剂，倒入层析缸（或大的广口瓶），加入展开剂的高度不超过1cm。将点好样的薄层板小心放入层析缸中，点样一端朝下，浸入展开剂约0.5cm。盖好瓶盖，观察展开剂前沿上升到一定高度时取出，尽快在展开剂的前沿画出标记。晾干，观察混合样品斑点出现的位置及相应样品斑点是否相符。

4. 计算　出原点至溶剂前沿距离和原点至各斑点的距离，计算 R_f 值。

【注意事项】

1. 点样时，使毛细管液面恰好接触薄层即可。切勿点样过重而使薄板破坏。

2. 在薄层层析中，样品的用量对物质的分离效果有很大影响，所需样品的量与显色剂的灵敏度、吸附剂的种类、薄层的厚度均有关系。样品太少时，斑点不清楚，难以观察。但是样品量太多时，往往出现斑点太大或拖尾现象，以致不易分开。

3. 制板时，要求薄板平滑均匀，因此宜将吸附剂调得稀一些，尤其是制硅胶板时，更是如此。否则就很难铺均匀。

4. 不加黏合剂的软板只能作"近水平式展开"，本实验用近水平式上升法展开。

5. 取出薄板后，立即在展开剂前沿画上记号，如不注意，等展开剂挥发后，就无法确定展开剂上升的高度。

【思考题】

1. 展开剂的高度超过点样线，对薄层色谱有什么影响？

2. 在一定操作条件下，为什么可用 R_f 值来鉴定化合物？

3. 薄层色谱法点样应注意些什么？

【相关实验】

［1］杜莉萍. 薄层色谱法分离菠菜色素及胡萝卜素含量测定［J］. 分子科学学报，2013，29（1）：85.

［2］颜晓航. 薄层色谱法操作技术控制要点分析［J］. 安徽医药，2012，16（9）：1271.

（李文超）

实验十九　纸色谱法分离鉴定混合氨基酸

【实验目的和要求】

1. 掌握纸色谱法分离鉴定的基本原理。

2. 熟悉纸色谱法的基本操作方法。

3. 了解纸色谱选择的原则。

【实验原理】

纸色谱法是属于分配色谱的一种，通常用特制的滤纸如新华一号滤纸作为固定相（水的支持剂），含有一定比例的水的有机溶剂（展开相）作流动相，应用于多官能团或高极性化合物如糖或氨基酸的分离、鉴定。

R_f 比移值是一个特定常数。R_f 值随被分离化合物的结构、固定相与流动相的性质、温度等因素不同而异。当温度、滤纸等实验条件固定时，它是一个常数。这也就是用纸色谱进行定性分析的依据。

由于各种氨基酸在水中和有机溶剂中的溶解度各不相同：极性大的氨基酸在水中溶解度较大，在有机溶剂中溶解度较小，其分配系数就较大；而极性小的氨基酸在水中溶解度较小，在有机溶剂中溶解度较大，则其分配系数就较小。由于甘氨酸极性大于蛋氨酸，故分配系数较大，因而甘氨酸的 R_f 值要小于蛋氨酸的 R_f 值。混合氨基酸经展开分离后，用茚三酮显色，应呈现紫色斑点。比较混合溶液中组分的 R_f 值与对照品的 R_f 值便可定性。

【实验材料】

仪器：层析缸、色谱滤纸（中速）、平口毛细管（内径约1mm）、电吹风、显色喷雾器、烘箱。

试剂：甘氨酸对照品、蛋氨酸对照品、茚三酮显色剂（0.15g 茚三酮 +30ml 冰醋酸 +50ml 丙酮溶解）、正丁醇（A. R.）、冰醋酸（A. R.）。

【实验内容】

1. 对照品溶液及样品溶液的配制 分别称取甘氨酸、蛋氨酸对照品适量，分别制成 0.4mg/ml 的甘氨酸对照品溶液和蛋氨酸对照品溶液。另分别称取甘氨酸、蛋氨酸适量，置于同一量瓶中，制成 0.4mg/ml 的混合氨基酸样品溶液。

2. 展开剂的配制 正丁醇 – 冰醋酸 – 水（4∶1∶1）。

3. 点样 取长 25cm、宽 6cm 的中速色谱纸一张，在距底边 2.5cm 处标记起始线，在起始线上记 3 个 "×" 号，间距为 1.5cm，用平口毛细管分别点加甘氨酸、蛋氨酸对照品溶液和混合氨基酸样品溶液 3~4 次，斑点直径 2mm，晾干（或用冷风吹干）。

4. 展开 将点好样的色谱滤纸垂直悬挂于色谱缸的悬钩上，盖上缸盖，饱和约 10min。然后使滤纸底边浸入展开剂正丁醇 – 冰醋酸 – 水（4∶1∶1）内约 0.3 ~0.5cm，定距展开约 20cm 后，取出，立即用铅笔标记溶剂前沿位置。

5. 显色及 R_f 值计算 待色谱滤纸晾干后，喷茚三酮显色剂，在 60℃ 的烘箱里烧烤 5min 后，即可见红紫色斑点。计算各斑点 R_f 值，通过比较混合氨基酸样品溶液中的组分与对照品的 R_f 值进行定性鉴别。

6. 数据记录与处理

	对照品溶液		样品溶液	
	甘氨酸	蛋氨酸	斑点 A	斑点 B
原点至斑点中心的距离				
原点至溶剂前沿的距离				
R_f 值				

7. 结论

（1）斑点 A 为：　　　　　　　　　（2）斑点 B 为：

【注意事项】

1. 展开剂必须预先配制且充分摇匀。

2. 点样时每点一次，一定要吹干后再点第二次。斑点直径约 2mm。点样次数视样品溶液浓度而定。

3. 氨基酸的显色剂茚三酮对体液如汗液等均能显色，在拿取纸时，应注意拿滤纸的顶端或边缘，以保证色谱纸上无杂斑（如手纹印等）。

4. 茚三酮显色剂应临用前配制，或置冰箱中冷藏备用。

5. 点样用的毛细管（或微量注射器）不可混用，以免污染。

6. 点样后的滤纸在层析缸内饱和 10min 时，不可将滤纸浸入展开溶剂内。开始展开时小心将滤纸浸入展开溶剂中，勿使溶剂浸过起始线。

7. 喷显色剂要均匀、适量、不可过分集中，使局部太湿。

【思考题】

1. 展开结束后，进行显色时，为什么要先晾干再喷显色剂？

2. 影响 R_f 值的因素有哪些？

【相关实验】

[1] 张稳婵，弓巧娟，孙鸿，等. 氨基酸混合物分离效果提高的实验研究 [J]. 化学教育，2013，(2)：65.

[2] 杨丽，尤丽，叶金秀. 纸层析分离鉴定氨基酸实验的改进 [J]. 云南民族大学学报（自然科学版），2011，20（3）：229.

（刘佳维）

实验二十 丹参注射液的纸层析

【实验目的和要求】

1. 掌握纸层析鉴定原儿茶醛的一般方法。

2. 熟悉纸层析的一般操作方法。

3. 了解纸层析的分析程序。

【实验原理】

纸色谱属于分配色谱。固定相为吸附于惰性载体纸纤维上的水（约20% ~ 25%的水），其中6%左右的水通过氢键与纤维素上的羟基结合成复合物；流动相为有机溶剂。被分离的物质在固定相和流动相之间进行分配。

【实验材料】

仪器：层析缸、新华层析中速滤纸、微量注射器、紫外光灯（254nm）。

展开剂：20%氯化钾冰醋酸（100:1）。

【实验内容】

1. 定性分析 取新华层析滤纸（长 33cm，宽 10cm）一条，在距纸的一端 3cm 处作起始线，用微量注射器吸取丹参注射液 0.200ml，点加于起始线上，使成一横条，点样过程中以电吹风机吹风使其迅速干燥。

将点好样的层析滤纸悬挂于储有展开剂的层析缸中，饱和半小时，再将点有样品的一端浸入展开剂中，底端浸入约 5mm 左右，待展开约 25cm（前沿线与起始线的距离）时，取出，立刻划出前沿线，晾干。置于紫外光灯（254nm）下观察，用笔标出灰色暗斑的位置，即为原儿茶醛。

2. 定量分析 定性鉴别操作后，剪下已经确定位置的斑点，并将范围适当放大，而后剪成细条，用 1mol/L HCl 浸泡，洗脱，滤取滤纸，将洗脱液使成 10.00ml，用 1cm 比色皿，于（280±2）nm 处测定吸收度 A 值，同时配制丹参的标准溶液进行测定，用比较法求算丹参注射液中原儿茶醛的含量：

$$\frac{A_x}{A_s} = \frac{c_x}{c_s}$$

也可照定性分析步骤，在起始线上同时点加样品盒标准品（样品与标准品均应按层析要求点加成原点状），于展开剂中展开后，取出，立刻划出前沿线，晾干。用 1% 三氯化铁 - 铁氰化钾试剂显色。用标准对照的方法确定斑点的位置。然后，再从剪下已经确定位置的斑点，并将范围适当放大开始如上操作，计算，求出丹参注射液中原儿茶醛的含量。

【注意事项】

1. 用手拿纸条的顶端，防止对纸条产生污染。

2. 纸条应垂直悬挂在层析缸中，不能卷曲。

3. 应均匀喷洒显色剂，喷洒量要适当，不能流淌。

【思考题】

1. 实验时能否用手直接拿取滤纸条中部，对实验结果有何影响？

2. 为什么在纸色谱法中要采用标准品对照鉴别？

【相关实验】

[1] 崔波，金征宇 . 纸层析法定量检测麦芽糖基 β - 环状糊精 [J] . 食品与生物技术学报，2005，24（6）：88.

[2] 陈武，龚美义 . 纸层析 - 分光光度法测定腺苷的含量 [J] . 广东化工，2010，37（6）：263.

（杨 铭）

实验二十一　气相色谱的保留值法定性及归一化法定量

【实验目的和要求】

1. 掌握气相色谱保留值法定性分析和归一化法定量分析的一般过程及微量注射器进样的使用。

2. 熟悉 GC – 112A 型气相色谱仪的使用。

3. 了解气相色谱仪的结构、性能及使用方法。

【实验原理】

本实验用氢气作载气，邻苯二甲酸二壬酯作固定相，用热导池检测器，检查未知试样中的指定组分。并对苯、甲苯、二甲苯混合试样中各种组分进行定量测定。

在一定色谱条件（固定相和操作条件）下，各物质均有其确定不变的保留值，因此，可利用保留值的大小进行定性分析。对于较简单的多组分混合物，若其色谱峰均能分开，则可将各个峰的保留值，与各相应的标准样品在同一条件所测的保留值一一进行对照，确定各色谱峰所代表的物质。这一方法是最常用、最可靠的定性分析方法，应用简便。但有些物质在相同的色谱条件下往往具有近似甚至完全相同的保留值，因此，其应用常限制于当未知物已被确定可能为某几个化合物或属于某种类型时作最后的确证。倘若得不到标准物质，就无法与未知物的保留值进行对照，这时，可利用文献保留值及经验规律进行定性分析。对于组分复杂的混合物，则要与化学反应及其他仪器分析法结合起来进行定性分析。

在气相色谱法中，定量测定是建立在检测信号（色谱峰的面积）的大小与进入检测器组分的量（可以是重量、体积、物质量等）成正比的基础上。实际应用时，由于各组分在检测器上的响应值（灵敏度）不同，即等含量的各组分得到的峰面积不同，故引入了校正因子，可选用一标准组分 s（一般以苯为标准物质）的校正因子 f_s 为相对标准，为此，引入相对校正因子 f_i（即一般所说的校正因子），则被测物 i 的相对校正因子表达为

$$f_i = \frac{f_i}{f_s} = \frac{m_i A_S}{m_S A_I} = \frac{V_i A_S}{V_S A_I} \cdot \frac{\rho_i}{\rho_s}$$

式中，$m = V\rho$；V 为溶液的体积；ρ 为物质的密度。

本实验中要测定的苯、甲苯、二甲苯系同系物，可近似认为其密度 ρ 相等。故有：
$f_i = V_i A_s / V_s A_i$

得到各组分的 f_i 后，即可由测量的峰面积，用归一化法计算出混合物中各组分的百分含量。其计算公式为

$$c_i \% = A_i f_i / \left(A_{苯} + A_{甲苯} f_{甲苯} + A_{二甲苯} f_{二甲苯} \right)$$

使用归一化法进行定量，优点是简便、定量结果与进样量无关、操作条件变化对

结果影响较小。但样品的全部组分必须流出，并可测出其信号，对某些不需要测定的组分，也必须测出其信号及校正因子，这是本方法的缺点。

【实验材料】

仪器：GC－7890A 型气相色谱仪（FID 检测器）、氢气发生器、HP－5 色谱柱（30m×0.32mm，0.25μm）、微量注射器。

试剂：苯、甲苯、对二甲苯。以上试剂均为色谱纯。

【实验内容】

1. 色谱仪的调节

（1）气体流量　载气（N_2）30ml/min；氢气（H_2）40ml/min；空气400ml/min。

（2）工作温度　采用程序升温，30℃保温2min，以2℃/min升到40℃，进样器温度200℃，检测器温度250℃。

2. 色谱图的测绘

（1）用微量注射器取苯0.5μl、甲苯0.5μl、对二甲苯1.0μl分别进样，做色谱图。

（2）用微量注射器取苯、甲苯、对二甲苯的等量混合液1.0μl进样，重复三次，作色谱图。

（3）用微量注射器取苯、甲苯、对二甲苯未知混合液1.0μl进样，重复三次，作色谱图。

3. 数据处理

（1）记录色谱操作条件，包括：检测器类型、桥电流、衰减、固定相、色谱柱长及内径、恒温室温度、气化室温度、载气、流速、柱前压、进样量、记录纸速等。

（2）测量各标准样品的保留时间，由未知试样中各组分的保留时间确定各色谱峰所代表的组分。

（3）求出各组分的定量校正因子。

（4）用归一化法求出苯、甲苯、对二甲苯混合液未知试样中各组分的体积百分含量。

【注意事项】

1. 开启仪器前，一定确保已接通载气气路，否则会损坏检测器。

2. 如果 FID 检测器没能正常点火，请在检查气路后，打开仪器上盖，在点火程序执行同时，向点火口吹气，以增加氧气量，辅助点火。

3. 小心进样，保护针头，避免堵塞，进样和拔针动作要迅速。

【思考题】

1. 如果实验中各组分不是等体积混合，其响应值如何计算？

2. 如果实验要求测定未知式样各组分的重量百分数，应如何来设计实验？其各组分的响应值是否与本实验求得的值相同？为什么？

【相关实验】

［1］段科欣. 苯、甲苯、乙苯混合物的分析（归一化法）［M］. 仪器分析. 北京：化学工业出版社：2009.

［2］王亦军，等. 气相色谱法对苯系物的分离分析［M］. 北京：化学工业出版社，2009.

［3］中华人民共和国药典. 苯甲醇含量测定［S］. 2010 年，二部：439.

（杨　铭）

实验二十二　气相色谱内标校正曲线法测定白酒中甲醇和高级醇的含量

【实验目的和要求】

1. 掌握内标校正曲线法的定量方法。

2. 熟悉气相色谱测定白酒中甲醇和高级醇含量的基本原理。

3. 了解气相色谱仪的基本结构和使用方法。

【实验原理】

白酒中的甲醇及高级醇类在高温下转变为蒸气后，随流动相流经色谱柱时可得到有效的分离。分离后的各组分经火焰离子化检测器检测，可得到相应组分的色谱峰。根据各组分的保留时间定性；根据各组分的峰面积或峰高定量。本实验采用内标校正曲线法，使用内标法时，在样品中加入一定量的标准物质，它可被色谱柱所分离，又不受试样中其他组分峰的干扰，只要测定内标物和待测组分的峰面积与相对响应值，即可求出待测组分在样品中的百分含量。

【实验材料】

仪器：气相色谱仪（带 FID 检测器）、氢气发生器、空气压缩机、HP－5 色谱柱（30m×0.32mm，0.25μm）、100ml 容量瓶、1μl 微量进样器、1ml 刻度吸管等。

试剂：甲醇、正丙醇、异丁醇、正丁醇、异戊醇及正戊醇。

【实验内容】

1. 标准醇溶液的配制　分别准确吸取 1.00ml 甲醇、正丙醇、异丁醇、正丁醇、异戊醇、正戊醇用 60% 乙醇定容到 50ml 容量瓶中。

2. 混合醇标准溶液的配制　准确吸取甲醇、正丙醇、异丁醇、正丁醇、异戊醇、正戊醇 0.5ml 用 60% 乙醇定容到 50ml 容量瓶中。

3. 内标液的配制　准确吸取 4ml 叔丁醇于 50ml 容量瓶中定容；再准确吸取 0.5ml 于 50ml 容量瓶中定容。

4. 色谱操作条件

（1）气体流量　载气（N_2）30ml/min；氢气（H_2）40ml/min；空气 400ml/min。

（2）工作温度 采用程序升温，30℃保温 2min，以 2℃/min 升到 40℃，进样器温度 200℃，检测器温度 250℃。

（3）检测器 FID。

5. 标准曲线的绘制 分别准确吸取混合醇标准溶液 0.5ml、1.0ml、1.5ml、2.0ml、2.5ml、3.0ml、3.5ml、4.0ml 用 60% 乙醇定容到 10.0ml 容量瓶中；再分别取上述溶液 0.5ml 加入 0.5ml 内标液，摇匀，备用。

6. 进样 取 1μl 进样，得色谱图。求出 $A_{甲}/A_{is}$，$A_{正丙醇}/A_{is}$，$A_{异丁醇}/A_{is}$，$A_{正丁醇}/A_{is}$，$A_{异戊醇}/A_{is}$，$A_{正戊醇}/A_{is}$，以 A_x/A_{is} 为纵坐标，c_x 为横坐标，绘制标准曲线。

7. 样品分析

采用同样的色谱条件下，取样品液 1μl 进样，求出 A_x/A_{is}，通过标准曲线求得试样 c_i。

分析结果的计算公式为：

$$\frac{(A_i/A_{is})_{样}}{(A_i/A_{is})_{对}} = \frac{c_{i样}}{c_{i对}}$$

【注意事项】

1. 开机前应先通载气几分钟；关机时应先断电，待温度降到近室温时关闭载气。

2. 载气（N_2）与氢气流量比一般为 1:1～1.5:1，空气与氢气流量比一般为 10:1。

3. 外标法要求进样量准确，分析标准品和样品时的色谱条件应保持一致。

【思考题】

1. FID 的检测温度如何选择？

2. 氢气流量对 FID 的灵敏度有何影响？为什么？

3. 比较内标法与外标法的优缺点。

【相关实验】

[1] 中华人民共和国药典. 维生素 E 的含量测定 [S]. 2010，二部：907～908.

[2] 王亦军，吕海涛. 气相色谱法对正己烷、正庚烷、丙酮混合物的分离分析 [M]. 仪器分析实验. 北京：化学工业出版社，2009.

[3] 李超豪，等. 气相色谱法同时测定白酒中甲醇和乙（己）酸乙酯 [J]. 食品与机械，2013，29（1）：81.

（杨　铭）

实验二十三　流动相组成对丹皮酚保留值的影响

【实验目的和要求】

1. 掌握流动相组成对保留值的影响。

2. 熟悉高效液相色谱仪的使用。

3. 了解高效液相色谱仪的主要构成。

【实验原理】

反相色谱法，常用于非极性组分或者中等极性物质的分离与分析，其流动相的极性大于固定相的极性。反相高效液相色谱法是以非极性键合相为固定相，其中最常用的是十八烷基硅烷键合硅胶；可做流动相的溶剂种类很多，并且还可以组成不同配比的二元或多元溶剂系统。流动相构成不同，样品流出柱的时间不同，其分离效果存在差异。在反相色谱法中，通常以甲醇–水或乙腈–水混合溶剂作为流动相。

在反相色谱法中，流动相的洗脱能力随着极性强度的增大而降低，非极性组分的保留时间随着流动相极性的增大而增大。本实验以丹皮酚溶液为试样，考察其保留时间随着流动相极性增大而发生变化的情况。

【实验材料】

仪器：高效液相色谱仪、C_{18} 色谱柱（150mm×4.6mm）、流动相过滤器、超声波清洗器、微孔滤膜、微量进样器。

试剂：甲醇（色谱纯）、超纯水、丹皮酚溶液。

【实验内容】

1. 开机准备

（1）流动相按要求用过滤装置滤过，超声脱气 30min。

（2）用甲醇配制一定浓度的丹皮酚溶液，用 0.45μm 微孔滤膜滤过。

（3）分别将水相和有机相接到 A 管线和 B 管线上。

2. 开机

（1）打开泵 A 和泵 B 的电源开关，将排液阀逆时针旋转180°，按"Purge"键，仪器开始在线脱气，排气结束，将排液阀顺时针旋转180°，按"Pump"键，"Pump"灯亮。

（2）在泵在线脱气的同时，打开检测器电源开关，检测器开始自检。

（3）待检测器自检完成后打开电脑主机和显示器，进入 Windows 界面。

3. 方法设置 进入实时运行程序，按下列要求设置色谱条件：洗脱方式"等度洗脱"，检测波长：274nm，结束时间20min，泵 A 和泵 B 的最高压力为20MPa，点击视图右下角的"下载"按钮，并另存方法文件。慢慢提升流速至 A 为 0.3ml/min，B 为 0.7ml/min（注：每次改变流速，必须点击"下载"按钮）。

4. 样品检测

（1）点击"助手栏"中的"单次运行"，按照对话框相关提示设置样品相关信息。当屏幕出现"开始"对话框时，将进样阀扳至"Inject"位置，插入装有 20μl 丹皮酚溶液的微量注射器（进样之前注意排掉进样针里的气泡），将进样阀扳至"Load"位置，注射器中的注入高效液相色谱仪后，迅速将进样阀扳至"Inject"位置，"开始"对话框消失，仪器自动开始运行。运行完后，记录丹皮酚的保留时间。

（2）分别测出丹皮酚在 A 泵和 B 泵的流速为 0.4ml/min 和 0.6ml/min 的保留时间

以及 A 泵和 B 泵的流速均为 0.5ml/min 时的保留时间。

5. 数据记录

甲醇和水的体积比	70：30	60：40	50：50
保留时间 t_R（min）			

6. 数据分析　　观察流动相极性逐渐增大后对丹皮酚保留时间的影响，根据反相色谱法的相关原理对该现象进行分析。

【注意事项】

1. 更换流动相时，应停泵操作，防止气泡进入流路系统。

2. 高效液相色谱实验所用水必须是超纯水，有机试剂必须是色谱纯的，使用之前必须经过过滤和超声处理。

【思考题】

1. 运用反相色谱法的相关知识，分析一下洗脱剂的极性强弱与洗脱能力大小之间的关系。

2. 反相色谱法中，常用的固定相和流动相是什么？

【相关实验】

[1] 雷丽红. 高效液相色谱中流动相组成对保留值的影响 [M]. 分析化学实验. 北京：中国医药科技出版社，2008.

[2] 冯伟红等. 不同色谱条件对 QAMS 相对校正因子及相对保留值影响的实验研究 [J]. 中国中药杂志，2012，37（21）：3264.

[3] 边敏等. 咪唑类离子液体作流动相添加剂对苦参类生物碱保留行为的表征 [J]. 南京中医药大学学报，2012，28（1）：30.

（高赛男）

实验二十四　高效液相色谱法测定水体中的苯酚和 α - 萘酚

【实验目的和要求】

1. 掌握色谱法的分离原理及高效液相色谱仪的使用。

2. 熟悉高效液相色谱仪分离测定水体中苯酚及 α - 萘酚的方法。

【实验原理】

溶于流动相中的各待测组分经过色谱柱固定相时，由于各组分与固定相发生作用（吸附、分配、离子吸收、排阻、亲和）的大小、强弱不同，在固定相中滞留时间不同，从而先后从固定相中流出，达到分离的目的，称为色谱法。

对于一些组分比较简单的已知范围的混合物，或无已知物的情况下，可以利用保留值定性。保留值的大小取决于分配系数之比，即与组分的性质、固定液的性质及柱温有关，与固定液的用量、柱长、流速及填充情况无关。在一定操作条件下，用对照品配成不同浓度的对照液，定量进样，用峰面积或峰高对对照品的量（或浓度）做校正曲线，求回归方程，然后在相同条件下分析试样，计算含量，这种方法称为校正曲线法。通常截距近似为零，若截距较大，说明存在一定的系统误差。本实验，苯酚的波长为270nm，α-萘酚的波长为295nm。使得两种物质的吸收峰达最大值，最终选定在254nm条件下。分别配置单样和混合液浓度为100mg/L、80mg/L、60mg/L、40mg/L、20mg/L标准溶液分别进样，记录保留时间和出峰面积，用于定性分析。绘制标准曲线，用于定量分析，计算出样品浓度。

【实验材料】

仪器：高效液相色谱仪、流动相过滤器、超声波清洗器、分析天平、100ml容量瓶3个、250ml容量瓶、200ml量筒、滴管、100~1000μl移液枪、20~200μl移液枪。

试剂：苯酚、α-萘酚、乙腈、蒸馏水。

【实验步骤】

1. 开机前准备 查资料，确定流动相的比例，一般选用甲醇、水、乙腈按比例配制之后根据需要选择不同的滤膜，对流动相进行抽滤除杂质；再进行超声脱气泡10~20min；配制样品和标准溶液，必要时也用0.45μm滤膜过滤。

2. 开机

（1）开启计算机，运行Bootp Serve程序。

（2）依次开启仪器各模块电源。

（3）待各模块自检完成后，设定参数。菜单栏单击"Control"→"Monitor Instrument"，单击"Pump"图标，出现参数设定菜单，设定Flow 1.0ml/min，单击"Pump Off"变为"Pump On"；单击"Light"图标后，单击"Light Off"变为"Light On"；关闭菜单栏。

3. 在线检测

（1）在工作界面，选择通道，填写实验信息，在方法菜单栏上点击"采样控制"，设置采样时间、文件保存路径、保存方式、文件名。

（2）在方法菜单栏点击"积分"，选择积分参量、积分方法、样品重量、积分最小面积，时间参数等相关参数后点击"采用"按钮。

（3）在方法菜单栏点击"谱图显示"，设置时间显示范围、电压表示范围、谱图显示颜色、数据显示内容，点击"采用"按钮。

（4）在方法菜单栏点击"仪器信息"，输入相关仪器参数。

（5）在通道菜单栏点击"数据采集"，观察流动相基线是否平稳，待基线平稳，在检测器通过"zero"键调零。

标样谱图：用进样针抽取相应量标品，把手动进样器扳钮按逆时针方向旋至"Load"处，将进样针插入进样孔，注入标液，注完将进样器扳钮按顺时针方向旋至

"Inject"处，同时点击"外带"按钮或数据采集菜单栏"采集数据"按钮。数据采集完毕，自动积分，文件存于相应地址。

样品谱图：在方法菜单栏点击"组分表"，在对话框点击"谱图"按钮，调入标样谱图，通过鼠标拖动圈住对应峰，设定相关参数，点击"采用"按钮，用进样针抽取相应量样品，进样方式同进标样的步骤。点击"采集"按钮，采集时间结束，文件存于设定地址。

4. 分析色谱图　在主界面点击"Reprogress"进入界面后双击右侧图标后，打开文件，点击所保存的文件名即看到图谱。点击"Analysist"显示保留时间和峰面积，记录数据做标准曲线。计算标准线性方程；待测样品进样后，记录相同保留时间下的物质峰面积，代入方程计算含量。

5. 关机　试验结束后用纯甲醇将色谱柱冲洗干净，一般用纯甲醇冲洗 1～3h，待记录仪上无杂质峰后关机，关闭稳压电源。

6. 数据记录

浓度（mg/L）	苯酚保留时间（min）	苯酚峰面积（mv）	α－萘酚保留时间（min）	α－萘酚峰面积（mv）
5				
10				
20				
40				
60				
80				
100				
样品				

绘制苯酚、α－萘酚标准曲线。

【注意事项】

1. 流动相的制备要与装置相适应，必须经过过滤、脱气并恢复到室温后使用，以防气泡的产生。

2. 样品溶液进样前必须用 0.45μm 滤膜过滤，以减少微粒对进样阀的磨损。

3. 转动阀芯时不能太慢，更不能停留在中间位置，否则流动相受阻，使泵内压力剧增，甚至超过泵的最大压力，再转到进样位时，过高的压力将使柱头损坏。

4. 为防止缓冲盐和样品残留在进样阀中，每次分析结束后应冲洗进样阀。通常可用水冲洗，或先用能溶解样品的溶剂冲洗，再用水冲洗。

5. 输液泵的压力必需稳定，才能取得良好的分析结果。变动的幅度大致在 0.5MPa 以内范围为正常。

6. 在一段时间内不进行分析时，建议清洗柱子，并从装置上卸下。种类不同的柱子，清洗的方法也不同，必须按柱的使用说明书确认。存放时，柱内应充满溶剂（甲醇或乙腈），两端要封死。柱子要轻拿轻放。

【思考题】

1. 采用色谱法原理的分析仪器有哪些？

2. 高效液相色谱法还可以对环境中的哪些污染物质进行分析检测？

【相关实验】

［1］中国科学技术大学化学与材料科学学院实验中心编．外标法测定饮料中的咖啡因含量［M］．合肥：中国科学技术大学出版社，2011．

［2］苏丹．手性配体高效液相色谱拆分肌肽对映体［J］．中国现代应用药学，2013，30（1）：75．

［3］孙甜等．高效液相色谱法测定来托司坦的含量及有关物质［J］．西北药学杂志，2013，28（2）：151．

（李文超）

实验二十五 气质联用仪法定性分析风油精中的薄荷醇

【实验目的和要求】

1. 掌握气质联用仪对待测组分进行定性分析的方法。

2. 熟悉气质联用仪的使用。

3. 了解气质联用仪的主要构成。

【实验原理】

质谱法的基本原理是将样品置于高真空的离子源中，采用多种离子化技术，使物质分子失去外层电子而生成分子离子，或化学键断裂生成各种离子碎片。带正电荷的离子经加速电场的作用形成离子束，进入质量分析器，根据它们的质荷比（m/z，离子质量与电荷之比）的差异进行分离，并按 m/z 的顺序及相对强度大小记录的图谱就是质谱图。由于离子的质量和相对强度是各物质特有的，所以可以通过质谱解析对物质结构和成分进行分析。

气相色谱法是一种以气体为流动相的柱色谱分析方法，很适合物质的定量分析，但由于其主要采用对比未知组分的保留时间与相同条件下对照品保留时间的方法来定性，所以对于构成较为复杂的样品来说，气相色谱法很难给出准确可靠的定性结果。

气质联用仪是将气相色谱仪和质谱仪通过接口连接起来，复杂样品在气相色谱仪的作用下分离成单组分物质进入质谱仪中进行分析检测，具有较好的定性分析功能。

【实验材料】

仪器：GCMS - QP2010S 色谱仪、微孔滤膜、微量进样器。

试剂：甲醇（色谱纯）、薄荷醇对照品、风油精（市售）。

【实验内容】

1. 对照品溶液配制 精密称取薄荷醇对照品 0.1mg，置于 10ml 容量瓶中，加甲醇溶解，定容到刻度线。

2. 样品溶液的配制 精密吸取 0.5ml 的风油精，置于 10ml 容量瓶中，加甲醇溶解，定容到刻度线。

3. 色谱条件

（1）气相色谱条件 载气：氮气；进样口温度：230℃；进样方式：分流；流速控制方式：压力；压力：70kPa；吹气流量：3.0ml/min；分流比：10∶1；柱温升温程序为：60℃恒温 1min，再以 10℃/min 的升温速率升至 240℃后，恒温 1min。

（2）质谱条件 离子源温度：200℃；接口温度：300℃；溶剂切除时间：2.5min；质谱扫描时间范围：3.50～15min；质量扫描范围：30～300amu。

4. 样品检测

（1）将 1μl 的风油精待测样注入气相色谱仪中，得到风油精的总离子流色谱图（TIC）。

（2）在相同测试条件下，往气相色谱仪中注入 1μl 的薄荷醇对照品溶液，获取薄荷醇对照品的总离子流图。

5. 数据分析 通过对比风油精试样和薄荷醇对照品溶液的总离子流图，找到风油精试样中薄荷醇对应的位置；读取试样中薄荷醇的质谱图，在质谱图谱库中自动检索，进一步证实风油精中薄荷醇成分的存在。

【注意事项】

1. 待分析样品必须是低沸点、高温下不易分解和有一定挥发性的物质。

2. 使用的载气必须是纯度为 99.9% 以上的高纯度氦气。

【思考题】

1. 为什么进行质谱分析时必须抽真空，使仪器的真空度达到一定的要求？

2. 气相色谱法和质谱法在对样品进行分析测试时各有什么优缺点，两者联用时又有什么优点和局限性？

3. 气质联用仪中各部分作用是什么？

【相关实验】

［1］赵怀清. 气相色谱 – 质谱联用分析甲苯、氯苯和溴苯. 分析化学实验指导. 北京：人民卫生出版社，2011.

［2］中国科学技术大学化学与材料科学学院实验中心. 气相色谱及气质联用法测定维生素 E 胶囊中的 V_E 含量［J］. 仪器分析实验. 合肥：中国科学技术大学出版社，2011.

［3］李峰. 烟用香精中致香成分的气质联用定性定量分析［J］. 应用化工，2006，35（3）：232.

（高赛男）

实验二十六　仪器分析综合设计性实验

【实验目的和要求】

1. 通过仪器分析综合性实验及设计性实验，培养学生初步解决问题和分析问题的能力，培养学生的创新意识与创新能力。

2. 锻炼学生查阅参考文献、综合参考资料、设计小型仪器分析实验的能力。

3. 掌握仪器分析有关基础理论知识和常用仪器的操作方法。

4. 熟悉实验操作技术。

【实验内容】

1. 蔬菜中重金属（Pb、Cd）含量的测定。

2. 皮蛋中铅含量的测定或头发中锌含量的测定。

3. 熏肉制品中亚硝酸盐含量的测定。

4. 饮料中安赛蜜、苯甲酸、山梨酸等防腐剂的测定。

5. 中成药中可溶性维生素的含量测定。

6. 小儿退热灵中三组分的测定。

……………………以上题目任选其一。

【注意事项】

1. 学生每 2～3 人一小组，在给定综合设计性实验内容中选择一项进行设计。

2. 在查阅参考文献的基础上，拟定实验方案，经老师审阅和小组讨论后确定。

3. 实验获批后，应积极准备实验所用材料，仪器设备等。

4. 实验中如遇问题时，除查阅参考文献找到解决的办法外，应积极与指导教师沟通，不要擅自做主。

5. 实验结束后并写出实验报告，交给负责的指导教师进行批阅。

6. 实验报告格式与要求如下。

（1）实验题目；

（2）摘要、关键词；

（3）引言（目前有关该物质测定方法的概述；选定实验方案的原理）；

（4）实验部分（所使用的仪器和试剂；实验步骤）；

（5）结果与讨论；

（6）参考文献。

实验报告写法参考《分析化学及药物分析》期刊的写作格式进行写作。

（高金波）

附录

一、常用玻璃仪器图例和用法

仪器	一般用途	使用方法和注意事项	理由
烧杯	1. 反应容器，尤其在反应物较多时用，易混合均匀 2. 也用作配制溶液时的容器或盛水器 3. 简易水浴的盛水器	1. 反应液体不能超过烧杯用量的2/3 2. 加热时放在石棉网上，使受热均匀 3. 刚加热后不能直接置于桌面上，应垫以石棉网	1. 防止搅动时液体溅出或沸腾时液体溢出 2. 防止玻璃受热不均匀而遭破裂
锥形瓶	1. 反应容器，加热时可避免液体大量蒸发 2. 振荡方便，用于滴定分析的滴定操作	同上	同上
量筒	粗量一定体积的液体用的	1. 不能作为反应容器，不能加热，不可量热的液体 2. 读数时视线应于液面水平，读取与弯月面最低点相切的刻度 3. 量取50ml以上误差可达±1~10ml；量取50ml以下误差在±0.1~0.5ml	1. 防止破裂。容积不准确 2. 读数准确
表面皿	1. 用来盖在蒸发皿、烧杯等容器上，以免溶液溅出或灰尘落入 2. 作为称量试剂的容器（准确度要求不高时）	1. 不能用火直接加热 2. 作盖用时，其直径应比被盖容器略大 3. 用于称量时应洗净烘干	防止破裂

仪器	一般用途	使用方法和注意事项	理由
吸量管移液管	精确移取一定体积的液体用	1. 使用"食指"按住管口 2. 写"吹"字的停留半分钟后应吹出，没写"吹"字的靠半分钟即可 3. 吸管用后立即清洗，置于吸管架（板）上，以免玷污 4. 具有精确刻度的量器，不能放在烘箱中烘干，不能加热 5. 精密读取至 ±0.01ml	1. 确保量取准确 2. 确保所取液浓度或纯度不变 3. 制管时已考虑
容量瓶 20℃ 100ml	配制标准溶液或准确稀释时用	1. 溶质先在烧杯内全部溶解，然后移入容量品瓶 2. 不能加热，不能用毛刷洗刷 3. 不能代替试剂瓶用来存放溶液 4. 读取度准至 ±0.01ml 5. 不能放在烘箱内烘干 6. 瓶的磨口瓶塞配套使用，不能互换	1. 配制准确 2. 避免影响容量瓶容积的精确度
称量瓶	用于准确称量一定量的固体	1. 盖子是磨口配套的，不得丢失、弄乱 2. 用前应洗净烘干。不用时应洗净，在磨口处垫一小纸条 3. 不能直接用火加热	1. 易使药品沾污 2. 防止粘连，打不开玻璃盖 3. 玻璃破裂
滴管	吸取少量（数滴或 1~2ml）试剂	1. 溶液不得吸进橡皮头 2. 用后立即洗净内、外管壁	吸取少量（数滴或 1~2ml）试剂

仪器	一般用途	使用方法和注意事项	理由
酸式滴定管 碱式滴定管	用于滴定或准确量取一定的体积的液体	1. 滴定管要洗净，溶液流下时管壁不得挂有水珠 2. 洗净后，装液前用预装溶液淋洗三次 3. 用滴定管夹夹住，固定在滴定台架上 4. 酸式管滴定时，用左手开启旋塞，碱管用左手轻捏橡皮管内玻璃珠，溶液即可放出 5. 滴定管用后应立即洗净 6. 不能加热及量取热的液体，不能用毛刷洗涤内管壁	1. 保证溶液浓度不变 2. 防止将旋塞拉出而喷漏，便于操作。赶出气泡是为读数准确 3. 旋塞旋转灵活；洗液腐蚀橡皮
干燥器	1. 内放干燥剂。存放物品，以免物品吸收水汽 2. 定量分析时，将灼烧过的坩埚放在其中冷却	1. 灼烧过的物品放入干燥器前，温度不能过高，并在冷却过程中要每隔一定时间开一开盖子，以调节器内压力 2. 干燥器内的干燥剂要按时更换 3. 小心盖子滑动而打破	以保持一定的相对湿度
洗瓶	1. 用蒸馏水洗涤彻底沉淀和容器用 2. 塑料洗瓶使用方便、卫生 3. 装适当的洗涤液洗涤沉淀	1. 不能装自来水 2. 塑料洗瓶不能加热	
滴瓶	盛放液体试剂和溶液	1. 不能加热 2. 棕色瓶盛放见光易分解或不稳定的试剂 3. 取用试剂时，滴管要保持垂直，不接触接受容器内壁，不能插入其他试剂中	

仪器	一般用途	使用方法和注意事项	理由
试剂瓶 细口瓶 氧气 广口瓶	1. 广口瓶盛放固体试剂 2. 细口瓶液体试剂和溶液	1. 不能直接加热 2. 取用试剂时，瓶盖应倒放在桌上，不能弄脏、弄乱 3. 有磨口塞的试剂瓶不用时应洗净，并再磨口处垫上纸条 4. 盛放碱液时用橡皮塞，防止瓶塞被腐蚀粘牢 5. 有色瓶盛见光易分解或不太稳定的物质的溶液或液体	1. 防止破裂 2. 防止沾污 3. 防止粘连，不易打开 4. 防止碱液与玻璃作用，使塞子打不开 5. 防止物质分解或变质
比色管	在目视比色法中，用于比较溶液颜色颜色的深浅	1. 一套比色管应由同一种玻璃制成，且大小、高度、形状应相同 2. 不能用试管刷刷洗，以免划伤内壁 3. 比色管应放在特制的、下面垫有白色瓷板或配有镜子的木架上	
吸滤瓶和布式漏斗	两者配套，用于无机制备中晶体或粗颗粒沉淀的减压过滤。当沉淀量少时，用小号漏斗与过滤管配合使用	1. 滤纸要略小于漏斗的内径，才能贴紧 2. 先开抽气管，再过滤。过滤完毕后，先分开抽气管与抽滤瓶的连接处，后关抽气管 3. 不能用火直接加热 4. 注意漏斗与滤瓶大小配合 5. 漏斗大小与过滤的沉淀或晶体量的配合	1. 防止滤液由边上漏滤，过滤不完全 2. 防止抽气管水流倒吸 3. 防止玻璃破裂
漏斗	1. 过滤 2. 引导溶液入小口容器中 3. 粗颈漏斗用于转移固体	1. 不能用火直接灼烧 2. 过滤时，漏斗颈尖端必须紧靠承接滤液的容器壁 3. 长颈漏斗作加液时斗颈应插入液面内	1. 防止破裂 2. 防止滤液漏出 3. 防止气体自漏斗泄出

续表

仪器	一般用途	使用方法和注意事项	理由
分液漏斗	1. 用于液体分离、洗涤和萃取 2. 气体发生器装置中加液用	1. 不能加热 2. 使用前，将活塞涂一薄层凡士林，插入转动直至透明。如分水岭少了，会造成漏夜；太多会溢出沾污仪器和试液 3. 分液时，下层液体从漏斗管流出，上层液体从上口倒出 4. 漏斗间活塞应用细绳系于漏斗颈上，防止滑出跌碎 5. 萃取时，振荡初期应放气数次，以免漏斗内气压过大	1. 防止玻璃破裂 2. 旋塞旋转灵活，又不漏水 3. 防止分离不清 4. 防止气体自漏斗管喷出
滴液漏斗	滴液漏斗用于反应中滴加液体	1. 不能加热 2. 使用前，将活塞涂一薄层凡士林，插入转动直至透明 3. 装气体发生器时漏斗管应插入液面内（漏斗管不够长，可接管） 4. 漏斗间活塞应用细绳系于漏斗颈上，防止滑出跌碎	同上

二、常用分子式量表（以 2005 年公布的相对原子质量计算）

分子式	相对分子量	分子式	相对分子量
$AgBr$	187.772	$BaSO_4$	233.391
$AgCl$	143.321	$CaCO_3$	100.0872
AgI	234.772	$CaC_2O_4 \cdot H_2O$	146.1129
$AgNO_3$	169.873	$CaCl$	110.9834
Al_2O_3	101.9612	CaO	56.0774
$Al(OH)_3$	78.0036	$Ca(OH)_2$	74.093
$Al_2(SO_4)_3 \cdot 18H_2O$	666.4288	CO_2	44.0100
As_2O_3	197.8414	CuO	79.545
$BaCO_3$	197.336	$Cu(OH)_2$	97.561
$BaCl_2 \cdot 2H_2O$	244.263	Cu_2O	143.091
BaO	153.326	$CuSO_4 \cdot 5H_2O$	249.686
$Ba(OH)_2 \cdot 8H_2O$	315.467	$FeCl_2$	126.75

续表

分子式	相对分子量	分子式	相对分子量
$FeCl_3$	162.2051	KH_2PO_4	136.086
FeO	71.846	K_2HPO_4	174.176
Fe_2O_3	159.69	$KHSO_4$	136.170
$Fe(OH)_3$	106.869	KI	166.003
$FeSO_4 \cdot 7H_2O$	278.0176	KIO_3	214.001
$FeSO_4 \cdot (NH_4)_2SO_4 \cdot 6H_2O$	392.1429	$KMnO_4$	158.034
H_3AsO_4	141.9430	KNO_3	101.103
H_3BO_3	61.8330	KOH	56.106
HBr	80.9119	K_3PO_4	212.266
$HBrO_3$	128.9101	$KSCN$	97.182
$HC_2H_3O_2$（醋酸）	60.0526	K_2SO_4	174.260
HCN	27.0258	$K(SbO)C_4H_4O_6 \cdot 1/2H_2O$	333.928
$H_4C_{10}H_{12}O_8N_2$（乙二胺四乙酸）	292.2457	（酒石酸锑钾）	
H_2CO_3	62.0251	$MgCO_3$	84.314
$H_2C_2O_4$（草酸）	90.0355	$MgCl_2$	95.211
$H_2C_2O_4 \cdot 2H_2O$（二水草酸）	126.0660	$MgNH_4PO_4 \cdot 6H_2O$	245.407
HCl	36.4606	MgO	40.304
$HClO_4$	100.4582	$Mg(OH)$	58.320
HNO_3	63.0129	Mg_2P_2O	222.553
H_2O	18.0153	$MgSO_4$	120.369
HI	127.9124	$MgSO_4 \cdot 7H_2O$	246.476
H_3PO_4	97.9953	NH_3	17.0306
H_2S	34.0819	NH_4Br	97.948
H_2SO_4	98.0795	$(NH_4)CO_3$	96.0865
$H_2C_4H_4O_6$（酒石酸）	150.09	NH_4Cl	53.492
I_2	253.809	NH_4F	37.0370
$KAl(SO_4) \cdot 12H_2O$	474.3904	NH_4OH	35.0460
KBr	119.0023	$(NH_4)_3PO_4 \cdot 12MoO_3$	1876.35
$KBrO_3$	167.0005	NH_4SCN	76.122
K_2CO_3	138.206	$(NH_4)_2SO_4$	132.141
$K_2C_2O_4 \cdot H_2O$	184.231	NO_2	45.0055
KCl	74.551	NO_3	62.004
$KClO_4$	138.549	$Na_2B_4O_7 \cdot 10H_2O$	381.372
K_2CrO_4	194.194	$NaBr$	102.894
$K_2Cr_2O_7$	294.188	Na_2O	61.9790
$KHC_8H_4O_4$（邻苯二甲酸氢钾）	204.224	$NaOH$	39.9972

续表

分子式	相对分子量	分子式	相对分子量
$Na_2SO_4 \cdot 10H_2O$	322.1961	$ZnSO_4 \cdot 7H_2O$	287.56
$Na_2S_2O_3$	58.110	$Na_2C_2O_4$	134.000
$Na_2S_2O_3 \cdot 5H_2O$	248.186	NaCl	58.443
P_2O_5	141.945	$Na_2H_2C_{10}H_{12}O_8N_2 \cdot 2H_2O$	372.240
PbO_2	239.20	（EDTA 二钠二水合物）	
$PbSO_4$	303.26	$NaHCO_3$	84.0071
SO_2	64.065	$NaHC_2O_4 \cdot H_2O$	130.033
SO_3	80.064	$NaH_2PO_4 \cdot 2H_2O$	156.008
SiO_2	60.085	$Na_2HPO_4 \cdot 12H_2O$	358.143
ZnO	81.39	$NaNO_3$	84.9947
$Zn(OH)_2$	99.40	$Na_2CO_3 \cdot 10H_2O$	386.142
$ZnSO_4$	161.46	Na_2CO_3	105.9890

三、国际原子量表（1995）

序号	元素		原子量	序号	元素		原子量
	符号	名称			符号	名称	
1	H	氢	1.00794 (7)	20	Ca	钙	40.078 (4)
2	He	氦	4.002602 (2)	21	Sc	钪	44.955910 (8)
3	Li	锂	6.941 (2)	22	Ti	钛	47.867 (1)
4	Be	铍	9.012182 (3)	23	V	钒	50.9415 (1)
5	B	硼	10.811 (7)	24	Cr	铬	51.9961 (6)
6	C	碳	12.0107 (8)	25	Mn	锰	54.938049 (9)
7	N	氮	14.00676 (7)	26	Fe	铁	55.845 (2)
8	O	氧	15.9994 (3)	27	Co	钴	58.933200 (9)
9	F	氟	18.9984032 (5)	28	Ni	镍	58.6934 (2)
10	Ne	氖	20.1797 (6)	29	Cu	铜	63.546 (3)
11	Na	钠	22.989770 (2)	30	Zn	锌	65.39 (2)
12	Mg	镁	24.3050 (6)	31	Ga	镓	69.723 (1)
13	Al	铝	26.981538 (2)	32	Ge	锗	72.61 (2)
14	Si	硅	28.0855 (3)	33	As	砷	74.921560 (2)
15	P	磷	30.973761 (2)	34	Se	硒	78.96 (3)
16	S	硫	32.066 (6)	35	Br	溴	79.904 (1)
17	Cl	氯	35.4527 (9)	36	Kr	氪	83.80 (1)
18	Ar	氩	39.948 (1)	37	Rb	铷	85.4678 (3)
19	K	钾	39.0983 (1)	38	Sr	锶	87.62 (1)

续表

序号	元素		原子量	序号	元素		原子量
	符号	名称			符号	名称	
39	Y	钇	88.90585 (2)	67	Ho	钬	164.93032 (2)
40	Zr	锆	91.224 (2)	68	Er	铒	167.26 (3)
41	Nb	铌	92.90638 (2)	69	Tm	铥	168.93421 (2)
42	Mo	钼	95.94 (1)	70	Yb	镱	173.04 (3)
43	Tc	锝	[98]	71	Lu	镥	174.967 (1)
44	Ru	钌	101.07 (2)	72	Hf	铪	178.49 (2)
45	Rh	铑	102.90550 (2)	73	Ta	钽	180.9479 (1)
46	Pd	钯	106.42 (1)	74	W	钨	183.84 (1)
47	Ag	银	107.8682 (2)	75	Re	铼	186.207 (1)
48	Cd	镉	112.411 (8)	76	Os	锇	190.23 (3)
49	In	铟	114.818 (3)	77	Ir	铱	192.217 (3)
50	Sn	锡	118.710(7)	78	Pt	铂	195.078 (2)
51	Sb	锑	121.760 (1)	79	Au	金	196.96654 (2)
52	Te	碲	127.60 (3)	80	Hg	汞	200.59 (2)
53	I	碘	126.90447 (3)	81	Tl	铊	204.3833 (2)
54	Xe	氙	131.29 (2)	82	Pb	铅	207.2 (1)
55	Cs	铯	132.90545 (2)	83	Bi	铋	208.98038 (2)
56	Ba	钡	137.327 (7)	84	Po	钋	[209]
57	La	镧	138.9055 (2)	85	At	砹	[210]
58	Ce	铈	140.116 (1)	86	Rn	氡	[222]
59	Pr	镨	140.90765 (3)	87	Fr	钫	[223]
60	Nd	钕	144.24 (3)	88	Ra	镭	[226]
61	Pm	钷	[145]	89	Ac	锕	[227]
62	Sm	钐	150.36 (3)	90	Th	钍	232.0381 (1)
63	Eu	铕	151.964 (1)	91	Pa	镤	231.03588 (2)
64	Gd	钆	157.25 (3)	92	U	铀	238.0289 (1)
65	Tb	铽	158.92534 (2)	93	Np	镎	[237]
66	Dy	镝	162.50 (3)	94	Pu	钚	[244]

注：（　）表示原子量数值最后一位的不确定性；［　］中的数值为没有稳定同位素元素半衰期最长同位素的质量数。

四、常用基准物质的干燥条件和应用

基准物质		干燥后组成	干燥条件（℃）	标定对象
名称	分子式			
碳酸氢钠	$NaHCO_3$	Na_2CO_3	270~300	酸
碳酸钠	Na_2CO_3	Na_2CO_3	270~300	酸
硼砂	$Na_2B_4O_7 \cdot 10H_2O$	$Na_2B_4O_7 \cdot 10H_2O$	干燥器中 *	酸
草酸	$H_2C_2O_4 \cdot 2H_2O$	$H_2C_2O_4 \cdot 2H_2O$	室温空气干燥	碱或 $KMnO_4$
邻苯二甲酸氢钾	$KHC_8H_4O_4$	$KHC_8H_4O_4$	110~120	碱
重铬酸钾	$K_2Cr_2O_7$	$K_2Cr_2O_7$	140~150	还原剂
溴酸钾	$KBrO_3$	$KBrO_3$	130	还原剂
碘酸钾	KIO_3	KIO_3	130	还原剂
铜	Cu	Cu	室温空气干燥	还原剂
三氧化二砷	As_2O_3	As_2O_3	室温空气干燥	氧化剂
草酸钠	$Na_2C_2O_4$	$Na_2C_2O_4$	130	氧化剂
碳酸钙	$CaCO_3$	$CaCO_3$	110	EDTA
锌	Zn	Zn	室温干燥器保存	EDTA
氧化锌	ZnO	ZnO	900~1000	EDYA
氯化钠	$NaCl$	$NaCl$	500~600	$AgNO_3$
氯化钾	KCl	KCl	500~600	$AgNO_3$
硝酸银	$AgNO_3$	$AgNO_3$	280~290	卤化物

* 在含有 NaCl 和蔗糖饱和溶液的干燥器。

五、常用酸碱的密度和浓度

试剂名称	密度	含量（%）	浓度（mol/L）
盐酸	1.18~1.19	36~38	11.6~12.4
硝酸	1.39~1.40	65.0~8.0	14.4~15.2
硫酸	1.83~1.84	95~98	17.8~18.4
磷酸	1.69	85	14.6
氨水	0.88~0.90	25.0~28.0	13.3~14.8
冰醋酸	1.05	99.8~99.0	17.4
醋酸	1.01	36	6.0
高氯酸	1.68	70.0~72.0	11.7~12.0

六、常用缓冲溶液的配制

缓冲溶液组成	pKa	缓冲液 pH	缓冲溶液配制方法
氨基乙酸 – HCl	2.35 (pKa$_1$)	2.3	取氨基乙酸 150g 溶于 500ml 蒸馏水中后，加浓盐酸 80ml，蒸馏水稀释至 1L
H$_3$PO$_4$ – 柠檬酸盐		2.5	取 Na$_2$HPO$_4$·12H$_2$O 113g 溶于 200ml 蒸馏水后，加柠檬酸 387g，溶解，过滤后，稀释至 1L
一氯乙酸 – NaOH	2.86	2.8	取 200g 一氯乙酸溶于 200ml 蒸馏水中，加 NaOH 40g，溶解后，稀释至 1L
邻苯二甲酸氢钾 – HCl	2.95 (pKa$_1$)	2.9	取 500g 邻苯二甲酸氢钾溶于 500ml 蒸馏水中，加浓 HCl 80ml，稀释至 1L
甲酸 – NaOH	3.76	3.7	取 95g 甲酸和 NaOH 40g 于 500ml 蒸馏水中，溶解，稀释至 1L
NH$_4$Ac – HAc		4.5	取 NH$_4$Ac 77g 溶于 200ml 蒸馏水中，加冰 HAc 59ml，稀释至 1L
NaAc – HAc	4.74	4.7	取无水醋酸钠 83g 溶于蒸馏水中，加冰醋酸 60ml，稀释至 1L
NaAc – HAc	4.74	5.0	取无水醋酸钠 160g 溶于蒸馏水中，加冰醋酸 60ml，稀释至 1L
NH$_4$Cl – HAc		5.0	取 NH$_4$Ac 250g 溶于蒸馏水中，加冰 HAc 25ml，稀释至 1L
六次甲基四胺 – HCl	5.15	5.4	取六次甲基四胺 40g 溶于 200ml 蒸馏水中，加浓 HCl 10ml，稀释至 1L
NH$_4$Cl – HAc		6.0	取 NH$_4$Ac 600g 溶于蒸馏水中，加冰 HAc 20ml，稀释至 1L
NaAc – H$_3$PO$_4$盐		8.0	取无水 NaAc 50g 和 Na$_2$HPO$_4$·12H$_2$O 50g，溶于蒸馏水中，稀释至 1L
NH$_3$ – NH$_4$Cl	9.26	9.2	取 NH$_4$Cl 54g 溶于蒸馏水中，加浓氨水 63ml，稀释至 1L
NH$_3$ – NH$_4$Cl	9.26	9.5	取 NH$_4$Cl 54g 溶于蒸馏水中，加浓氨水 126ml，稀释至 1L
NH$_3$ – NH$_4$Cl	9.26	10.0	取 NH$_4$Cl 54g 溶于蒸馏水中，加浓氨水 350ml，稀释至 1L

注：（1）缓冲溶液配制后可用 pH 试纸检查。如 pH 不对，可用共轭酸或共轭碱调节。pH 欲调节精确时，可用 pH 计调节。

（2）若需增加或减少缓冲溶液的缓冲容量时，可相应增加或减少共轭酸碱对物质的量，再调节之。

七、常用指示剂

（一）酸碱指示剂

指示剂名称	变色 pH 范围	颜色变化	溶液配制方法
甲基紫（第一变色范围）	0.13 ~ 0.5	黄——绿	0.1% 或 0.05% 的水溶液
甲基紫（第二变色范围）	1.0 ~ 1.5	绿——蓝	0.1% 水溶液

指示剂名称	变色 pH 范围	颜色变化	溶液配制方法
甲基紫（第三变色范围）	2.0 ~ 3.0	蓝——紫	0.1% 水溶液
二甲基黄	2.9 ~ 4.0	红——黄	0.1 或 0.01g 指示剂溶于 100ml 90% 乙醇中
甲基橙	3.1 ~ 4.4	红——橙黄	0.1% 水溶液
溴酚蓝	3.0 ~ 4.6	黄——蓝	0.1g 指示剂溶于 100ml 20% 乙醇中
刚果红	3.0 ~ 5.2	蓝紫——红	0.1% 水溶液
溴甲酚绿	3.8 ~ 5.4	黄——蓝	0.1g 溶于 100ml 20% 乙醇中
甲基红	4.4 ~ 6.2	红——黄	0.1 或 0.2g 溶于 100ml 60% 乙醇中
溴百里酚蓝	6.0 ~ 7.6	黄——蓝	0.05g 溶于 100ml 20% 乙醇中
中性红	6.8 ~ 8.0	红——亮黄	0.1g 溶于 100ml 60% 乙醇溶液中
酚红	6.8 ~ 8.0	黄——红	0.1g 溶于 100ml 20% 乙醇溶液中
甲酚红	7.2 ~ 8.8	亮黄——紫红	0.1g 溶于 100ml 50% 乙醇溶液中
酚酞	8.0 ~ 10.0	无色——粉红	0.1g 溶于 100ml 60% 乙醇溶液中
百里酚酞	9.4 ~ 10.6	无色——蓝色	0.1g 溶于 100ml 90% 乙醇溶液中
茜素红 S（第一变色范围）	3.7 ~ 5.2	黄——紫	0.1% 水溶液
茜素红 S（第二变色范围）	10.0 ~ 12.0	紫——淡黄	0.1% 水溶液
茜素红 R（第二变色范围）	10.1 ~ 12.1	黄——淡紫	0.1% 水溶液

（二）混合指示剂

指示剂溶液的组成	变色点（pH）	颜色		备注
		酸色	碱色	
一份 0.1% 甲基橙溶液 一份 0.25% 靛蓝（二磺酸）水溶液	4.1	紫	黄绿	pH 4.1
三份 0.1% 溴甲酚绿乙醇溶液 一份 0.2% 甲基红乙醇溶液	5.1	酒红	绿	pH 5.1
一份 0.2% 甲基红乙醇溶液 一份 0.1% 次甲基蓝乙醇溶液	5.4	红紫	绿	pH 5.2 pH 5.4 pH 5.6
一份 0.1% 中性红乙醇溶液 一份 0.1% 次甲基蓝乙醇	7.0	蓝紫	绿	pH 7.0
一份 0.1% 甲酚红钠盐水溶液 三份 0.1% 百里酚蓝钠盐水溶液	8.3	黄	紫	pH 8.2 pH 8.4

（三）金属离子指示剂

指示剂	离解平衡和颜色变化	溶液配制方法
铬黑 T（EBT）	$H_2In^- \xrightarrow{pK_{a2}=6.3} HIn^{2-} \xrightarrow{pK_{a3}=11.5} In^{3-}$ 　紫红　　　　　蓝　　　　橙	1g 铬黑 T 与 100g NaCl 混匀研细
二甲酚橙（XO）	$H_3In^{4-} \xrightarrow{pK_a=6.3} H_2In^{5-}$ 　　黄　　　　　红	0.2% 水溶液
K – B 指示剂	$H_2In^- \xrightarrow{pK_{a2}=8} HIn^{2-} \xrightarrow{pK_{a3}=13} In^{3-}$ 　红　　　　　蓝　　　　紫红	0.2g 酸性铬蓝 K 与 0.4g 奈酚绿 B 溶于 100ml 水中
钙指示剂	$H_2In^- \xrightarrow{pK_{a2}=7.4} HIn^{2-} \xrightarrow{pK_{a3}=13.5} In^{3-}$ 　酒红　　　　蓝　　　　酒红	0.5% 乙醇溶液或钙指示剂：NaCl（固）= 1:100
Cu – PAN（Cuy – PAN）	$CuY + PAN + M^{n+} \Longrightarrow MY + Cu – PAN$ 　浅绿　　　　　　　　　　红色	将 0.05mol/L Cu^{2+} 液 10ml，加 pH 5~6 的 HAc 缓冲液 5ml，1 滴 PAN 指示剂，加热至 60℃左右，用 EDTA 滴至绿色
钙镁试剂（Calmagite）	$H_2In^- \xrightarrow{pK_{a2}=8.1} HIn^{2-} \xrightarrow{pK_{a3}=12.4} In^{3-}$ 　红　　　　　蓝　　　　红橙	0.5% 水溶液

（四）氧化还原指示剂

指示剂名称	E^{01}，（V） $[H^+]=1mol/L$	颜色变化		溶液配制方法
		氧化态	还原态	
中性红	0.24	红	无色	0.05% 的 60% 乙醇溶液
次甲基蓝	0.36	蓝	无色	0.05% 水溶液
二苯胺	0.76	紫	无色	1% 的浓硫酸溶液
二苯胺磺酸钠	0.85	紫红	无色	0.5% 水溶液
N – 邻苯氨基苯甲酸	1.08	紫红	无色	0.1g 指示剂加 20ml 5% 的 Na$_2$CO$_3$ 溶液，用水稀至 100ml
邻二氮菲 – Fe（Ⅱ）	1.06	浅蓝	红	1.485g 邻二氮菲加 0.965g FeSO$_4$，溶于 100ml 水中

（五）沉淀滴定用吸附指示剂

指示剂	被测离子	滴定剂	滴定条件	溶液配制方法
荧光黄	Cl^-	Ag^+	PH 7~10（一般 7~8）	0.2% 乙醇溶液
二氯荧光黄	Cl^-	Ag^+	PH 4~10（一般 5~8）	0.1% 水溶液
曙红	Br^-	Ag^+	PH 2~10（一般 3~8）	0.5% 水溶液
溴甲酚绿	SCN^-	Ag^+	PH 4~5	0.1% 水溶液
甲基紫	Ag^{2+}	Cl^-	酸性溶液	0.1% 水溶液

指示剂	被测离子	滴定剂	滴定条件	溶液配制方法
罗丹明6G	Ag^+	Br^-	酸性溶液	0.1%水溶液
钍试剂	SO_4^{2-}	Ba^{2+}	pH1.5~3.5	0.5%水溶液
溴酚蓝	Hg^{2+}	Cl^-、Br^-	酸性溶液	0.1%水溶液